新世纪

中等职业教育基础类课程规划教材

数 学

(基础版Ⅱ)

主　编　关革强　程敬松　　副主编　张岩松　李传欣　常玉宝

SHU XUE

大连理工大学出版社
DALIAN UNIVERSITY OF TECHNOLOGY PRESS

图书在版编目(CIP)数据

数学．基础版．2 / 关革强，程敬松主编．—大连：大连理工大学出版社，2008．4(2014．9 重印)
中等职业教育基础类课程规划教材
ISBN 978-7-5611-4063-5

Ⅰ．数… Ⅱ．①关…②程… Ⅲ．高等数学—高等学校：技术学校—教材 Ⅳ．O13

中国版本图书馆 CIP 数据核字(2008)第 043148 号

大连理工大学出版社出版

地址：大连市软件园路 80 号 邮政编码：116023
发行：0411-84708842 邮购：0411-84708943 传真：0411-84701466
E-mail：dutp@dutp.cn URL：http://www.dutp.cn
大连理工印刷有限公司印刷 大连理工大学出版社发行

幅面尺寸：185mm×260mm 印张：9 字数：199 千字
印数：3001～4000
2008 年 4 月第 1 版 2014 年 9 月第 2 次印刷

责任编辑：欧阳碧蕾 杨云 责任校对：米青霞
封面设计：季 强

定 价：18.00 元

前言

《数学(基础版Ⅱ)》是中等职业教育基础类课程规划教材之一,也是《数学(基础版)》的第二分册。

数学是研究空间形式和数量关系的科学。随着现代科学技术和经济建设的高速发展,数学的思想、内容、方法和语言日益在科学技术、生产和生活中得到广泛应用,成为现代文化不可缺少的组成部分。因此,使学生在中等职业学校继续受到必要的数学教育,提高数学素养,对培养高素质劳动者和初、中级人才具有十分重要的意义。

为了适应中等职业学校培养应用型、复合型中等专门人材的需要,同时,为了适应中等职业教育的改革形势,为了能更好地将课程与实际教学相结合,我们编写了这套教材——《数学(基础版)》。本教材共两册,以"概念、定理适度掌握,强化实用,培养技能"为重点,充分体现了以应用为目标、以够用为度的中等职业教学基本原则;理论描述精确简练,具体讲解明晰易懂;很好地兼顾了中职各专业对数学知识的需要。本套教材的内容包括:集合、不等式、简单逻辑;幂函数、指数函数、对数函数;任意角的三角函数;加法定理及其推论 、正弦型曲线;反三角函数与简单的三角方程;空间图形;直线和二次曲线;数列;复数;排列、组合、二项式定理、概率初步等十个部分。每节后均有相应的习题,相应地增加了与实际应用相关的内容。

本教材具有以下特点:

强调数学概念与实际问题的联系,通过大量新颖的数学应用例题,使学生能体会到数学应用的可能性,从而更加明确学习数学的目的;

充分考虑中职学生的数学基础,较好地处理了初中数学与中职数学之间的过渡和衔接;

每章节后的习题量少简洁、对应性强,以便学生明确和掌握重点,理解和消化难点,及时复习巩固所学内容.

新世纪

《数学(基础版Ⅱ)》由关革强、程敬松任主编,其他作者参与了部分章节的编写。具体编写分工如下:第六章、第八章、第九章、第十章由关革强编写,第七章由程敬松编写。刘严老师、詹耀华老师审阅了全部书稿并提出了很多宝贵的意见和建议,在此谨致谢忱。

对于教材中存在的不足和错误之处,诚望读者批评指正。

所有意见和建议请发往:gzjckfb@163.com

联系电话:0411-84706231　84706104

编　者

2008 年 4 月

目　录

第6章 空间图形

6.1 平面

在平面几何里，我们研究的是在同一平面内的图形，即研究平面图形的基本性质及这些性质的应用. 但在现实生活中，我们遇到更多的是空间的物体，从这些空间物体抽象出来的点、线、面所组成的几何图形并不全在同一个平面上，例如，我们从火柴盒抽象出来的长方体，从圆罐头筒抽象出来的圆柱体，从足球抽象出来的球体等.

这种图形已不再是平面几何中所研究的平面图形，我们把这种由空间中的点、线、面组成的图形，叫做**空间**图形(或立体图形). 显然，平面图形是由同一平面内的点、线组成的，平面图形是空间图形的一部分.

在这一章中，我们将学习空间图形的性质、画法及相关计算和应用.

6.1.1 平面的概念

常见的桌面、黑板面、平静的水面等，都给我们以"平面"的形象. 但这和几何里所说的平面不同，它们都只是平面的局部形象. 几何里的**平面是无限延展而没有边界的**. 实际中我们所见到的"平面"都是有边界的，只有想象它们无限延展，才能得到几何中的平面，但是我们不可能把一个无限延展的平面画在纸上，通常我们用平行四边形表示平面.

如图 6-1 所示，当我们从适当的角度和距离观察一个桌面的水平面时，就会感到它很像平行四边形. 因此，我们通常用平行四边形来表示水平放置的平面，而且把平行四边形的锐角画成 45°，横边画成水平方向，且等于邻边的 2 倍. 而平面处于其他位置时，只要画成平行四边形就可以了.

当一个平面的一部分被另一个平面遮住时，应把被遮部分的线段画成虚线或不画，以增强图形的立体感(图 6-2).

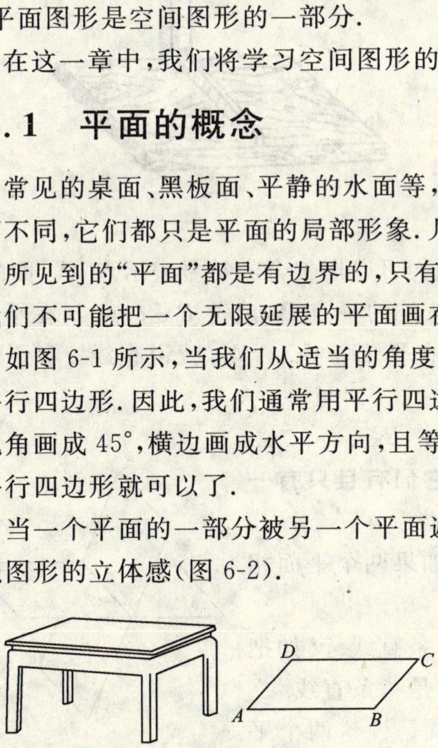

(a) (b)

图 6-1

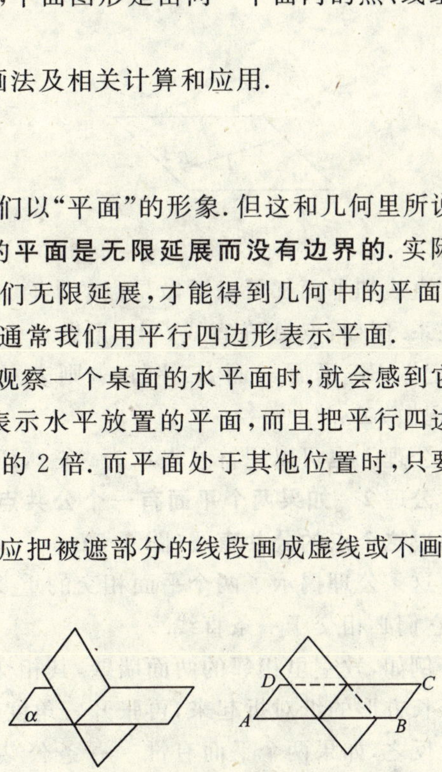

(a) (b)

图 6-2

一个平面常用一个小写希腊字母来表示，如平面 α(图 6-2(a))，也可以用表示平面的平行四边形顶点的字母来表示，如平面 $ABCD$ 或平面 AC(图 6-2(b)).

6.1.2 平面的基本性质

同学们，当你骑着自行车上学到学校停车场，把自行车的支架放下，支在地面上，为什么车子会稳当地停在地面上？而当我们放学时，把教室的门锁上时，为什么门会固定在墙上？这就是我们要研究的平面的基本性质.

在社会实践中，人们经过长期的观察与总结，得出了关于平面的三个性质. 我们把它们称做**公理**，作为进一步推证空间图形其他性质的基础.

公理 1　如果一条直线上有两个点在一个平面内，那么这条直线上所有的点都在这个平面内(图 6-3).

这时，我们称**直线在平面内**，或者说**平面通过直线**.

这条公理是判定直线是否在平面内的依据，同时又可以作为检验一个面是否“平”的标准. 例如，买木制尺时，为了检验尺子是否直，可以把尺子的直边放在很平的玻璃面上，观察尺边与玻璃面之间有没有空隙，就可以知道尺子是否直了；木工为了检验刨过的木板是否已经“平”，把角尺放在木板上，并且任意移动角尺的位置，观察尺边与木板之间是否处处密合，就可以判断木板是不是已经刨平了(图 6-4).

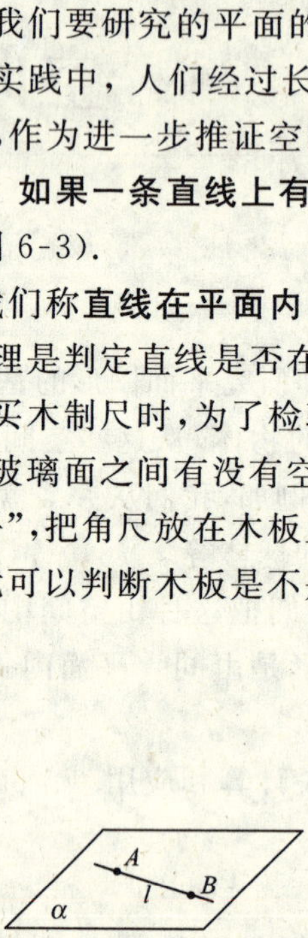

图 6-3

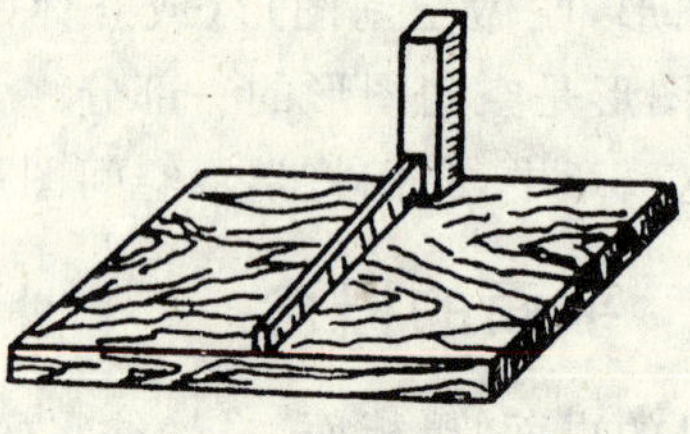

图 6-4

直线和平面都可以看做是点的集合，因此，我们可以用集合的符号表示点、线、面的相互关系. 例如：点 A 在直线 l 上，记做 $A\in l$；直线 l 外的一点 P，记做 $P\notin l$；点 B 在平面 α 上，记做 $B\in$ 平面 α；而 $l\subset$ 平面 α，则表示直线 l 在平面 α 内. 否则，就说直线 l 在平面 α 外，记做 $l\not\subset\alpha$.

公理 1 也可以用符号表示为 $A\in l, B\in l, A\in\alpha, B\in\alpha\Rightarrow l\subset\alpha$.

公理 2　如果两个平面有一个公共点，那么它们有且只有一条通过这个点的公共直线(图 6-5).

这条公理揭示了两个平面相交的重要特征：如果两个平面相交，它们必相交于一条直线.

例如，教室里相邻的两面墙壁，其相交处是一条直线. 又如把一张长方形的纸对折起来，再张开一角度，其折痕是一条直线.

反之，如果两个平面有惟一一条公共直线，就是说这两个平面相交，交线就是它们的公共直线.

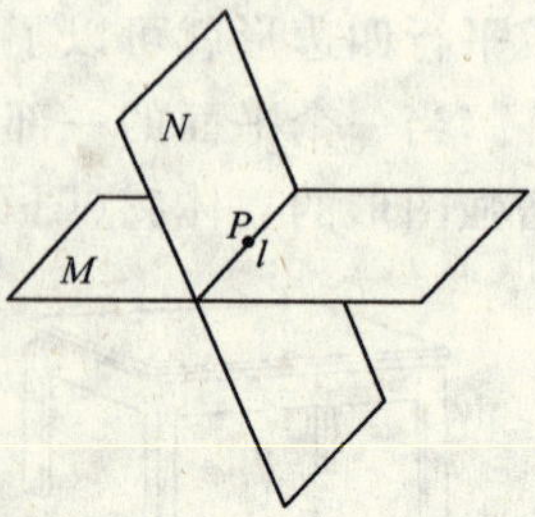

图 6-5

如图 6-5 所示，平面 M 与平面 N 相交，交线为 l，记做

$$\text{平面}\ M\cap\text{平面}\ N=l.$$

公理 2 也可以用符号表示为

$$P\in M\cap N\Rightarrow M\cap N=l\ \text{且}\ P\in l.$$

公理 3　经过不在同一条直线上的三点，有且只有一个平面(图 6-6).

这条公理可以简单地说成“不共线的三点确定一个平面”. 这里所谓“确定”是指经过这三个点的平面“存在”而且“惟一”的意思. 例如，一扇门用两个合页和一把锁固定，门也就固定在惟一的位置上了.

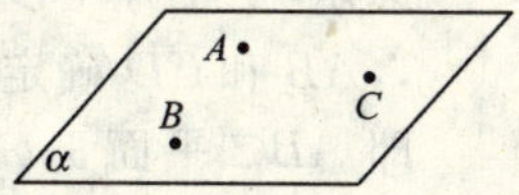

图 6-6

过不在一条直线的三点 A、B、C 的平面，可记做“平面 ABC”.

根据上述公理，可以得出下面三条推论：

推论 1　经过一条直线和这条直线外的一点，确定一个平面(图 6-7(a)).

如图 6-7(b)所示，设 A 是直线 l 外的一点，在 l 上任取两点 B、C，根据公理 3，不共线的三点确定一个平面，所以 A、B、C 可以确定一个平面，设为 α.

图 6-7

因为直线 l 上有两个点 B 和 C 在平面 α 内，所以根据公理 1，直线 l 在平面 α 内，即平面 α 经过 l 和 l 外一点 A(**存在性**).

根据公理 3，经过不公线的三点 A、B、C 的平面只能有一个，所以经过直线 l 与 l 外一点 A 的平面 α，也只能有一个(**惟一性**).

即直线和直线外的一点确定一个平面.

推论 1 可以用符号表示为

$$A\notin l\Rightarrow\text{有且只有一个平面}\ \alpha\text{，使}\ A\in\alpha,\ l\subset\alpha.$$

类似地，可以得出另外两个推论：

推论 2　两条相交直线确定一个平面(图 6-8).

推论 2 可以用符号表示为

$$a\cap b=A\Rightarrow\text{有且只有一个平面}\ M\text{，使}\ a\subset M,\ b\subset M.$$

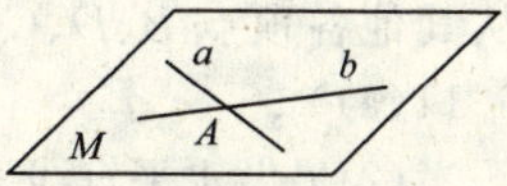

图 6-8

推论 3　两条平行直线确定一个平面(图 6-9).

推论 3 可以用符号表示为

$$c\parallel d\Rightarrow\text{有且只有一个平面}\ N\text{，使}\ c\subset N,\ d\subset N.$$

例 6-1　求证平行四边形一定是平面图形.

已知：$\square ABCD$(图 6-10).

求证：AB、BC、CD、DA 四条边共面①.

① 空间的几个点和几条直线，如果在同一个平面内，称做“共面”，否则说它们“不共面”.

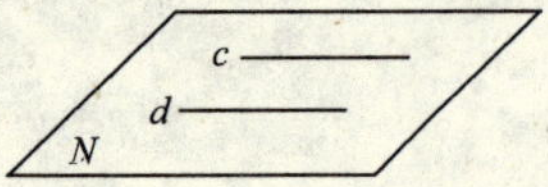

图 6-9

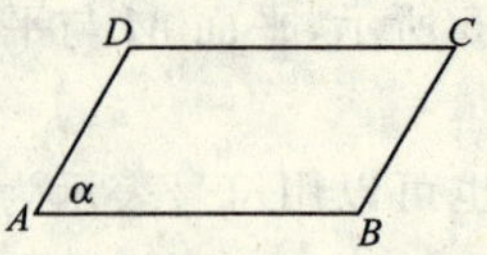

图 6-10

证明:∵$AB /\!/ CD$,

∴AB 和 CD 确定一个平面 α(根据推论 3).

即 $AB\subset$平面 α,$CD\subset$平面 α,

∵$B\in AB$,∴$B\in$平面 α.

∵$C\in CD$,∴$C\in$平面 α.

∴$BC\subset$平面 α(根据公理 1).

同理 $AD\subset$平面 α.

∴AB、BC、CD、DA 四条边共面.

6.1.3 空间图形在平面上的表示方法

为了能用平面图形把一个空间图形表示出来,我们需要会画空间图形的直观图(图 6-11).这种直观图虽不是空间图形的真实形状,却有较强的立体感.为此,我们需要首先学习水平放置的平面图形的直观图画法.

下面举例说明这种水平放置的平面图形的一种常用画法.

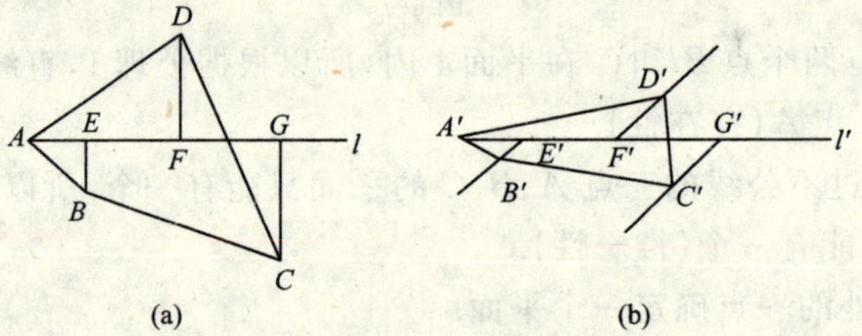

图 6-11

例 6-2 画水平放置的任意四边形的直观图(图 6-11).

画法:(1)在已知任意四边形 $ABCD$ 中,过点 A 做水平直线 l,以此作为水平基准线.从其他各顶点 B、D、C 分别做 l 的垂线 BE、DF、CG(称为竖直线),垂足分别为 E、F、G(图 6-11(a)).

(2)另做水平直线 l',在 l'上取一点为 A',并依次截取 $A'E'=AE$,$E'F'=EF$,$F'G'=FG$.

(3)过 E',F',G'分别做与 l'正向成 45°角的直线,并在这些直线上按照 EB、FD、GC 原有的方向分别截取 $E'B'=\frac{1}{2}EB$,$F'D'=\frac{1}{2}FD$,$G'C'=\frac{1}{2}GC$.

(4)依次连结 $A'B'$、$B'C'$、$C'D'$、$D'A'$,则 $A'B'C'D'$ 就是四边形 $ABCD$ 水平放置后的直观图(图 6-11(b)).

注意:直观图画成之后,应将辅助线擦去.

这个例题中画直观图的方法,叫做**斜二测画法**.画法规则如下:

(1)选择已知图形的水平方向线段(也可以根据图形位置做一条辅助的水平线段);

(2)凡水平方向的线段仍画成水平方向,其长度不变(即实长);

(3)凡与水平方向线段垂直的线段画成与水平方向成 45°(或 135°)角的线段,其长度画成实长的一半.

习题 6.1

1. 填空:

(1)若一条直线上有＿＿＿＿点在平面内,则这条直线在平面内;

(2)有一个公共点的两个平面交于＿＿＿＿＿＿直线;

(3)＿＿＿＿＿＿三点确定一个平面.

2. 用集合符号表示下列语句,并画出满足条件的图形:

(1)点 A 在平面 α 内,点 B 在平面 α 外;

(2)直线 l 经过平面 α 外的一点 M,并且与平面 α 相交于点 N;

(3)直线 l 在平面 α 内,又在平面 β 内,即平面 α 与平面 β 相交于直线 l.

3. 过一个点可以做多少个平面?过两个点呢?过一条直线上的三个点可做多少个平面?

4. 画水平放置的正方形、正三角形的直观图.

(a)

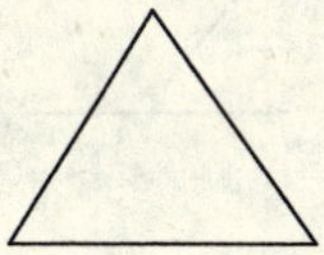

(b)

(第 4 题)

6.2　空间两条直线的位置关系

6.2.1　位置关系

由前面所学的公理 3 的推论可以知道,在同一平面内的两条直线①的位置关系只有两种:平行或相交.

空间的两条直线,还有没有另外的位置关系呢?

观察正方形模型(图 6-13),我们会发现它的各棱所在直线有着不同的位置关系.

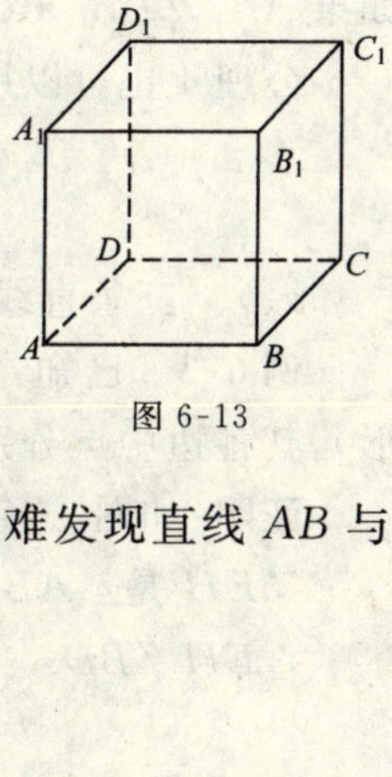

图 6-13

例如 $A_1B_1 \parallel AB$,这是平行关系,BB_1 与 B_1C_1 交于 B_1 点,这是相交关系.

这是在平面几何中学过的情形,其中 A_1B_1 与 AB、BB_1 与 B_1C_1 都分别在同一个平面内.各棱所在的直线有没有别的位置关系呢?不难发现直线 AB 与

---

① 本书中没有特别说明的"两条直线(平面)",均指不重合的两条直线(平面).

B_1C_1 它们既不相交也不平行,这表明它们不在同一平面内,这种位置关系在平面几何中我们没有遇到过.

我们把**不同在任何一个平面内的两条直线叫做异面直线**,显然,两条异面直线是既不平行又不相交的.

空间的两条直线有以下三种位置关系:

(1)相交直线:在同一个平面内,有且只有一个公共点;

(2)平行直线:在同一个平面内,没有公共点;

(3)异面直线:不同在任何一个平面内,没有公共点.

画异面直线时,为了显示出不共面的特点,要把两条直线画在不同的平面内,而且不相交也不平行,如图 6-14 所示. 而图 6-15 则不能明显地表示 a 与 b 的异面关系.

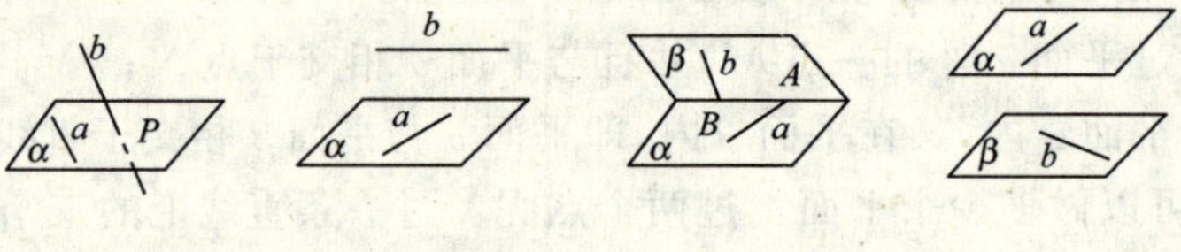

图 6-14

图 6-15

从图 6-14 可以得出一个一般性结论:**与平面相交的一条直线,和平面内不经过这个交点的直线是异面直线.**

6.2.2 平行直线

在平面几何里,我们知道平行于同一条直线的两条直线互相平行. 对于空间的三条直线,实际上也有同样的性质,我们把它作为公理.

公理 4 平行于同一条直线的两条直线互相平行.

这个公理也称做**"平行线公理"**或**"平行线传递性公理"**. 例如,在三棱镜中的三条棱,如果 $AA_1 /\!/ BB_1$,$CC_1 /\!/ BB_1$,则必有 $AA_1 /\!/ CC_1$(图 6-16).

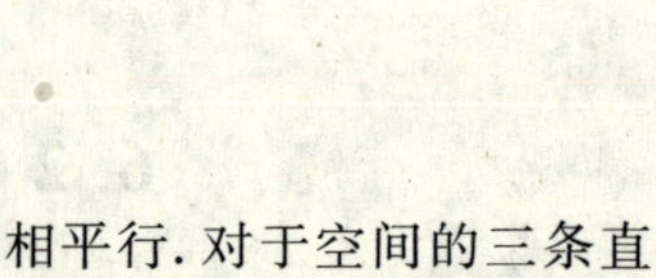

图 6-16

公理 4 也可以用符号表示为

$$\left.\begin{array}{l}a /\!/ b\\ c /\!/ b\end{array}\right\}\Rightarrow a /\!/ c.$$

a、b、c 三条直线两两平行,可表示为 $a /\!/ b /\!/ c$.

例 6-3 已知:如图 6-17 所示,四边形 $ABCD$ 是空间四边形(四个顶点不共面的四边形),其各边中点分别是 E、F、G、H. 求证:E、F、G、H 四点共面.

证明:如图,连结 BD、EH、FG.

$\because EH$ 是 $\triangle ABD$ 的中位线,

$\therefore EH /\!/ BD$.

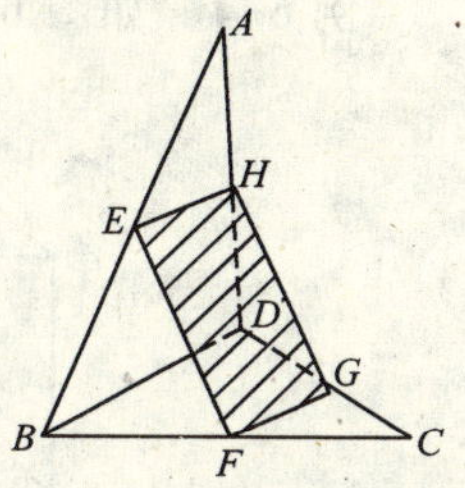

图 6-17

同理 $FG /\!/ BD$.

$\therefore EH /\!/ FG$(公理 4).

EH、FG 在平面 EG 内(推论 3).

$\therefore E$、F、G、H 在同一平面内.

在平面几何中,我们知道"如果一个角的两边和另一个角的两边分别平行,那么这两个角相等或互补".在空间图形中,同样有下述定理:

等角定理 **如果一个角的两边和另一个角的两边分别平行并且方向相同,那么这两个角相等.**

推论 如果两条相交直线和另两条相交直线分别平行,那么这两组直线所成的锐角(或直角)相等.

6.2.3 两条异面直线所成的角

在平面几何中,对于两条相交直线,我们可以用它们交角的大小来确定相互位置关系;对于两条平行线,我们可以用它们之间的距离来确定相互位置关系.对于不同在一个平面内的两条异面直线,如何确定它们之间的位置关系呢?

如图 6-18(a)所示,直线 a、b 是异面直线,经过空间任意一点 O,分别引直线 $a' /\!/ a$,$b' /\!/ b$.我们把直线 a' 和 b' 所成的锐角(或直角)叫做**两条异面直线所成的角**(图 6-18(b)).

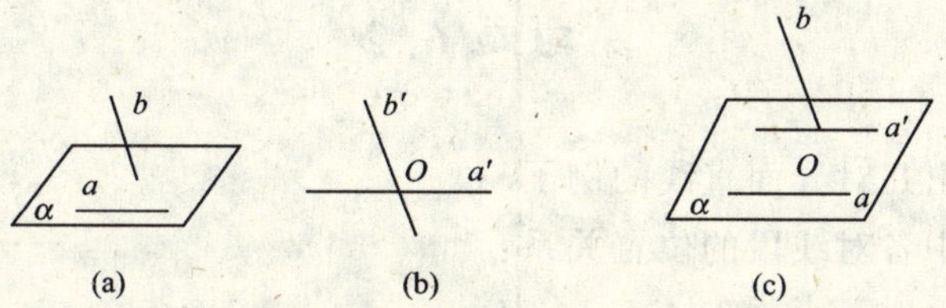

图 6-18

由等角定理可知,异面直线 a 与 b 所成的角的大小,与 O 点的位置无关,所以通常可在两条异面直线 a、b 中的任意一条,如 b 上,选取一点 O,在平面 α 内经过 O 点做一直线 a' 与 a 平行,如图 6-18(c)所示,则 a' 与 b 所成的锐角(或直角)就是异面直线 a 与 b 所成的角.

两条异面直线所成的角 θ 变化范围是 $0° < \theta \leqslant 90°$.

异面直线互相垂直 如果两条异面直线所成的角是直角,则称这**两条异面直线互相垂直**.

如图 6-19 所示,在正方体中,A_1A 和 B_1C_1 是互相垂直的两条异面直线.

异面直线的公垂线 和两条异面直线都垂直而且都相交的直线,叫做这**两条异面直线的公垂线**.公垂线在两条异面直线之间的部分,叫做**这两条异面直线的公垂线段**.异面直线公垂线段的长度叫做两条异面直线的距离.如图 6-19 所示,A_1D_1 是异面直线 A_1A 与 C_1D_1 的公垂线段,A_1D_1 的长是 A_1A 与 C_1D_1 间的距离.

例 6-4 如图 6-20 所示，在正方体中，求 CC_1 与 A_1B 所成的角的度数.

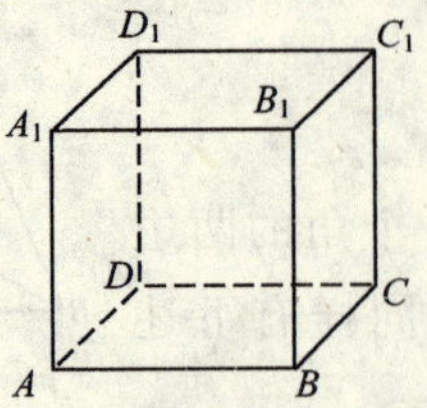

图 6-19

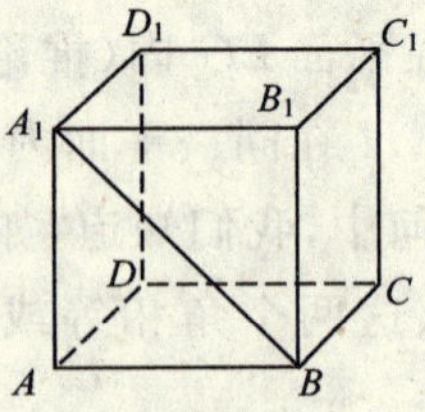

图 6-20

分析：欲求异面直线 CC_1 与 A_1B 所成的角，关键是根据定义，把异面直线的问题转化为共面直线的问题，容易知道 $BB_1 /\!/ CC_1$，所以 $\angle A_1BB_1$ 就是异面直线 A_1B 与 CC_1 所成的角.

解：$\because$ 正方体的侧面 BC_1 是正方形，

$\therefore BB_1 /\!/ CC_1$.

$\therefore \angle A_1BB_1$ 就是异面直线 CC_1 与 A_1B 所成的角.

$\because A_1B_1 = BB_1$，$\angle A_1B_1B$ 是直角，

$\therefore \angle A_1BB_1 = 45°$.

即　CC_1 与 A_1B 所成的角为 45°.

习题 6.2

1. 在教室里找出几对异面直线的例子.

2. 说出正方体中各对线段的位置关系：

(1) AB 和 CC_1；　(2) A_1C 和 BD_1；

(3) A_1A 和 CB_1；　(4) A_1C 和 CB_1；

(5) A_1B_1 和 DC；　(6) BD_1 和 DC.

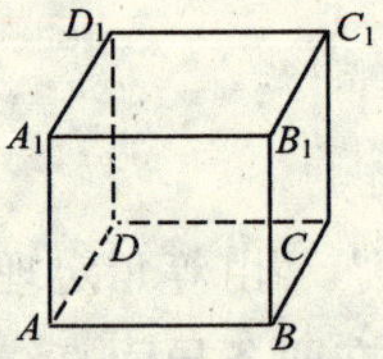

(第 2 题)

3. 四条线段依次首尾相接，所得封闭图形一定是平面图形吗？举例说明.

4. 如图，AA'、BB'、CC' 不共面，且 $BB' \mathrel{\underline{\underline{\parallel}}} AA'$，$CC' \mathrel{\underline{\underline{\parallel}}} AA'$. 求证：$\triangle ABC \cong \triangle A'B'C'$.

5. 如图，P 是矩形 $ABCD$ 所在平面外一点，$PA \perp BC$，PD 与 BC 成 45° 角，$PA = 12$，求 AD 的长.

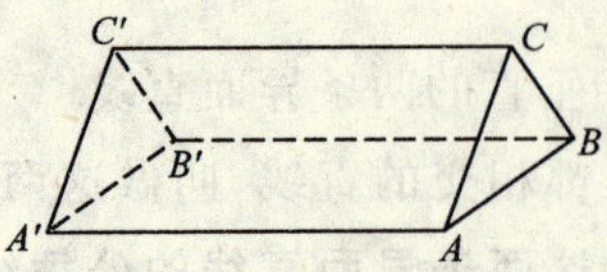

(第 4 题)

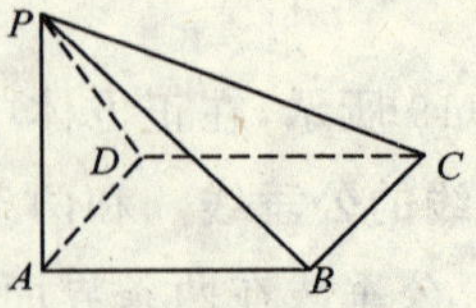

(第 5 题)

6.3 直线和平面的位置关系

6.3.1 直线与平面平行的判定和性质

用一支铅笔作为直线，课本作为平面，可以摆出它们的不同位置关系. 通过观察直线和平面公共点的情况，可以发现它们的位置关系有且只有下面三种：

(1)直线和平面有两个公共点，则称**直线在平面内**，这时直线与平面有无数个公共点；

(2)直线和平面有且只有一个公共点，则称**直线和平面相交**；

(3)直线和平面没有公共点，则称**直线和平面平行**.

这三种位置关系的画法通常如图 6-21 所示：

图 6-21(a)表示直线 a 在平面 α 内，写做 $a\subset$ 平面 α. 这时直线 a 应画在表示平面 α 的平行四边形内.

图 6-21(b)表示直线与平面相交，写做 $a\cap$ 平面 $\alpha=A$. 这时直线 a 最好有一部分画在表示平面 α 的平行四边形的外面，交点要用字母标明.

图 6-21(c)表示直线和平面平行，写作 $a//$ 平面 α，通常直线 a 要画在表示平面 α 的平行四边形之外，并且画成与表示平面 α 的平行四边形的一边平行.

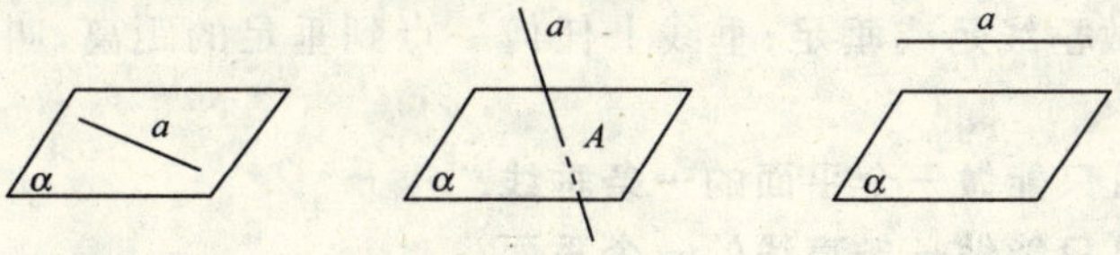

图 6-21

至此，我们不难知道，除直线在平面内的情形外，空间的直线与平面，不平行就相交. 我们把直线和平面相交或平行的两种情况，统称为**直线在平面外**，记做 $a\not\subset$ 平面 α.

判定直线和平面平行，除了根据定义外，还有下面的定理：

直线和平面平行的判定定理　如果平面外的一条直线和这个平面内的一条直线平行，那么这条直线就和这个平面平行.

即　如果 $a\not\subset$ 平面 α，$b\subset$ 平面 α，$a//b$(图 6-22).

那么 $a//$ 平面 α.

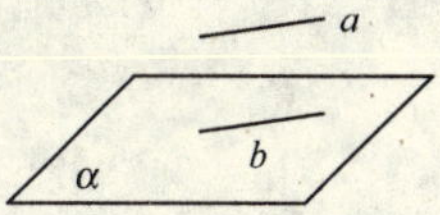

图 6-22

这个定理的应用非常广泛. 例如木工在钉黑板粉笔槽时，要使木条与地面平行，只要木条与墙脚线平行就可以了. 这样就把直线和平面的平行关系，转化成直线间的平行关系，从而简化了判定过程.

直线和平面平行的性质定理　如果一条直线和一个平面平行，并且经过这条直线的平面和这个平面相交，那么这条直线就和交线平行.

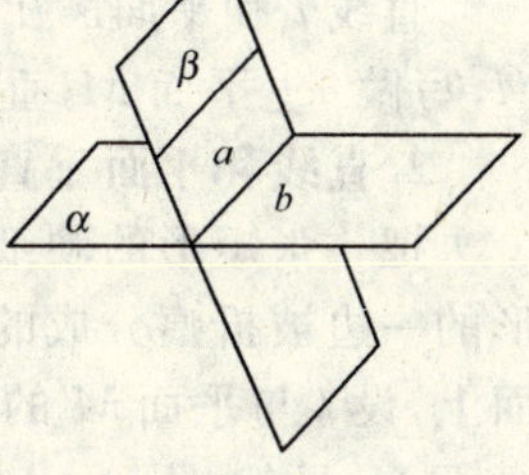

图 6-23

即　如果 $a//$ 平面 α，$a\subset$ 平面 β，$\alpha\cap\beta=b$(图 6-23)，

那么 $a//b$.

例 6-5 证明空间四边形相邻两边中点的连线，平行于经过另外两边的平面.

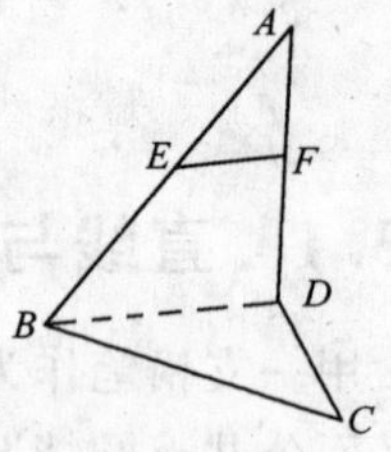

图 6-24

已知：空间四边形 $ABCD$ 中，E 和 F 分别是 AB 和 AD 的中点(图 6-24).

求证：$EF /\!/$ 平面 BCD.

证明：连结 BD.

$\because AE=EB, AF=FD$,

$\therefore EF /\!/ BD$.

又 $\because BD \subset$ 平面 BCD，$EF \not\subset$ 平面 BCD.

$\therefore EF /\!/$ 平面 BCD.

6.3.2 直线与平面垂直的判定和性质

1. 直线与平面垂直的定义

我们常见的电线杆、旗杆、工厂的烟囱、房屋的立柱与地面、下垂的电线与天花板，都给我们以直线和平面垂直的形象.

如果一条直线和一个平面内的任何一条直线都垂直，那么我们称**这条直线和这个平面互相垂直**；这条直线叫做这个**平面的垂线**；这个平面叫做这条**直线的垂面**；平面的垂线与平面的交点叫做**垂线足或垂足**；垂线上任何一点到垂足的距离，叫做这**点到平面的距离**. 并且

经过一点能且只能做一个平面的一条垂线；

经过一点能且只能做一条直线的一个垂面.

画直线和平面垂直时，竖直的直线 l 要画成与表示平面 α 的平行四边形的横边垂直；水平的直线 a 要画成与表示平面 α 的平行四边形的纵边垂直，并且使直线的一部分伸出平行四边形的外部，再用字母标明垂足，如图 6-25 所示.

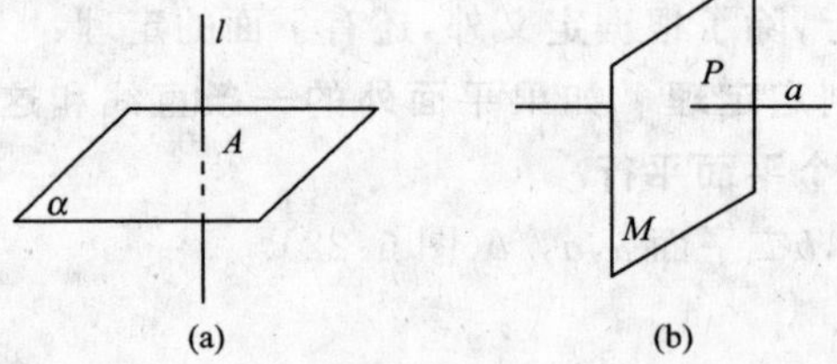

图 6-25

直线 l 和平面 α 互相垂直，写做 $l \perp$ 平面 α，垂足为 A(图 6-25(a)). 直线 a 垂直于平面 M，写做 $a \perp$ 平面 M，垂足为 P(图 6-25(b)).

2. 直线和平面垂直的判定

把一张矩形的硬纸板对折后，设 l 是折痕. 矩形被折痕分成的两个面分别为 α 和 β，矩形的一边被折痕分成的两段分别是 a 和 b. 如图 6-26 所示，将对折后的硬纸板竖立在桌面上，设 l 与平面 M 的交点为 P. 我们固定 l，让面 α、β 绕 l 转动. 如果保持 a、b 始终贴紧桌面 M，显然，不论 α、β 转到什么位置(α、β 不重合)，折痕 l 始终与 a、b 都垂直. 这说明直线 l 与平面 M 内的任何一条直线都垂直，所以直线 l 也就垂直于平面 M.

由此我们可推出，如果直线 l 与两条相交直线 a、b 都垂直. 那么直线 l 与 a、b 直线所确定的平面垂直.

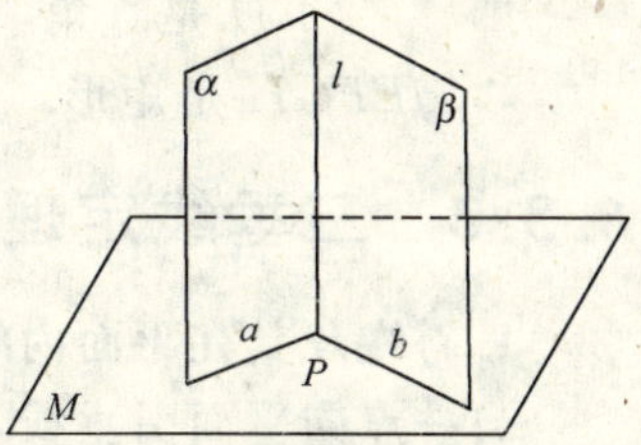

图 6-26

这就启发我们得到下面关于直线和平面垂直的一个判定定理.

直线和平面垂直的判定定理 1　如果一条直线和平面内的两条相交直线都垂直，那么这条直线和这个平面垂直.

我们知道，要检验一根旗杆、一座烟囱是否与地面垂直，只要看它是否与铅垂线平行即可，这是根据直线和平面垂直的另一个判定定理：

直线和平面垂直的判定定理 2　如果两条平行线中有一条垂直于一个平面，那么另一条也垂直于这个平面.

即　如果 $a /\!/ b$，$a \perp$ 平面 α(图 6-27)，

　　那么 $b \perp$ 平面 α.

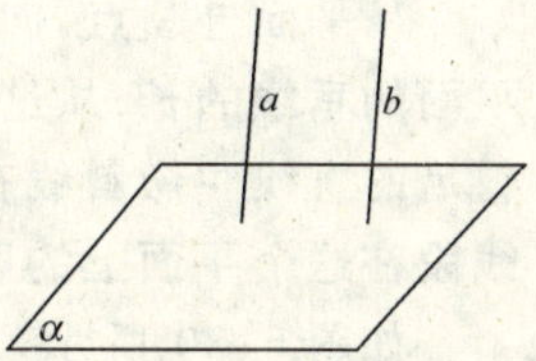

图 6-27

3. 直线与平面垂直的性质

把直线和平面垂直的判定定理 2 反过来，我们就可以看到：

直线和平面垂直的性质定理　如果两条直线都垂直于同一个平面，那么这两条直线互相平行.

即　如果 $a \perp$ 平面 α，$b \perp$ 平面 α(图 6-28)，

　　那么 $b /\!/ a$.

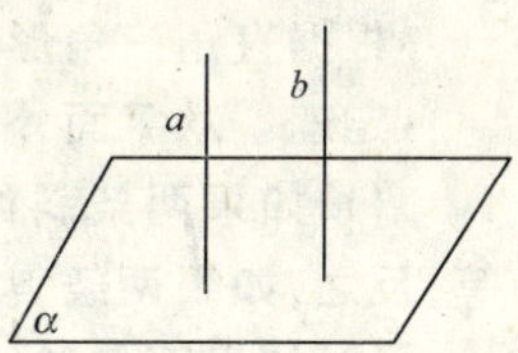

图 6-28

例 6-6　在空间四边形 $ABCD$ 中，$AD=AB$，$BC=CD$(图 6-29).

(1)求证：$AC \perp BD$；

(2)如果 E、F、G、H 分别是 AB、BC、CD、AD 的中点，求证：四边形 $EFGH$ 是一个矩形.

证明：(1)设 BD 的中点为 O，连结 AO、CO.

$\because AD=AB$，

$\therefore \triangle ABD$ 是等腰三角形.

又 $\because O$ 是 BD 的中点，

$\therefore BD \perp AO$，

同理　$BD \perp CO$. 又 $AO \cap CO=O$，

$\therefore BD \perp$ 平面 AOC. 又 $AC \subset$ 平面 AOC，

$\therefore BD \perp AC$.

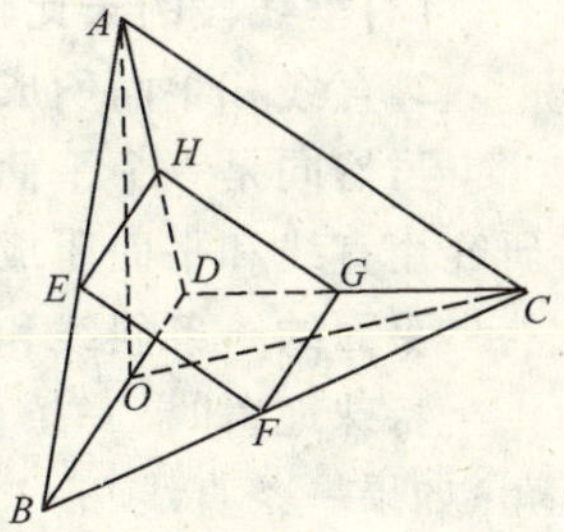

图 6-29

(2)已知 $\triangle ABD$ 是等腰三角形，E、H 分别是 AB、AD 的中点，

$\therefore EH \underline{\not\!\!/\!/} \frac{1}{2}BD$.

同理，$FG \underline{\not\!\!/\!/} \frac{1}{2}BD$.　$\therefore EH \underline{\not\!\!/\!/} FG$，

$\therefore EFGH$ 是平行四边形.

又 $\because EH /\!/ BD$，同理可证 $EF /\!/ AC$，又 $BD \perp AC$，

$\therefore EH \perp EF$.

即　$\angle FEH$ 是直角，

∴□$EFGH$ 是矩形.

6.3.3　三垂线定理

1. 斜线及其在平面内的射影

自一点向平面引垂线，垂足叫做这**点在这个平面上的射影**. 这个点与垂足间的线段叫做这**点到这个平面的垂线段**.

如果一条直线和一个平面相交，但不和这个平面垂直，那么这条直线就叫做这个平面的斜线，斜线和平面的交点叫做**斜线足或斜足**. 斜线上一点与斜足间的线段叫做这**点到这个平面的斜线段**.

从平面外一点，向这个平面引垂线和斜线，从这点到垂足间的线段长叫做从这**点到这平面的垂线的长**；从这点到斜线足间的线段长叫做从这**点到这平面的斜线的长**. 过垂足和斜足的直线叫做**斜线在这个平面上的射影**，斜足和垂足之间的线段叫做这**点到平面的斜线段在这个平面上的射影**.

如图 6-30 所示，AC 是从 A 点到平面 α 的垂线的长；AB、AD、AE 都是从 A 点到平面 α 的斜线的长；BC、DC、EC 分别是斜线段 AB、AD、AE 在平面 α 内的射影.

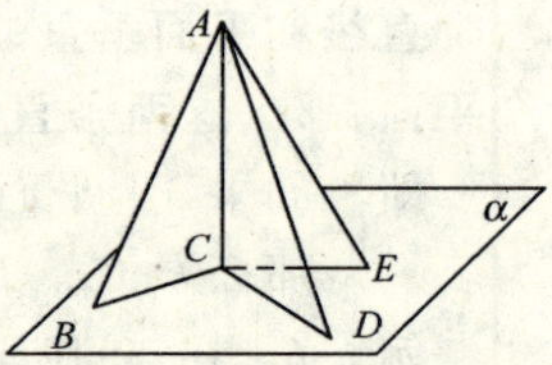

图 6-30

根据直角三角形的有关性质，我们容易得到：

定理　从平面外一点向这个平面引垂线和斜线.

(1)如果两条斜线段的射影的长相等，则两条斜线段的长相等；反之，如果两条斜线段的长相等，则两射影的长相等.

(2)如果两条斜线段的射影的长不相等，则射影较长的斜线段也较长；反之，如果两条斜线段的长不相等，则斜线段较长的射影也较长.

(3)垂线段的长比任何一条斜线段的长都短.

2. 直线和平面所成的角

虽然同是一个平面的斜线，但这些斜线与该平面的相对位置仍是有差别的. 下面我们研究用直线和平面所成的角的量数来刻画这种差别.

平面的一条斜线和它在平面上的射影所成的锐角，叫做该斜线和这个平面所成的角.

特殊地，如果一条直线和一个平面垂直，那么就说这条直线和这个平面所成的角是直角；如果一条直线和一个平面平行，或在平面内，那么就说这条直线和这个平面所成的角是 $0°$. 这样我们就得到直线和平面所成角 θ 的变化范围是 $0°\leqslant\theta\leqslant 90°$.

例 6-7　如图 6-31 所示，在正方体中，写出对角线 BD_1 与底面所成的角的正切.

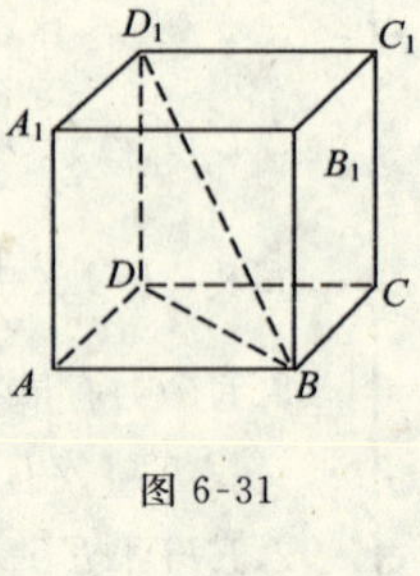

图 6-31

解：求 BD_1 与底面 $ABCD$ 所成角的正切：

BD_1 与底面 $ABCD$ 交于 B，D_1 不在底面 $ABCD$ 内.

连结 BD.

$\because D_1D\perp AD$，$D_1D\perp DC$，AD 与 DC 交于 D，

$\therefore D_1D\perp$ 平面 $ABCD$.

则 $D_1D\perp DB$.

连结 D_1B，

在 $Rt\triangle BDD_1$ 中，$\tan\angle DBD_1=\dfrac{DD_1}{BD}=\dfrac{DD_1}{\sqrt{2}DD_1}=\dfrac{\sqrt{2}}{2}$.

3. 三垂线定理及其逆定理

我们知道，平面的垂线垂直于平面内的一切直线，而斜线则只能垂直于平面内的某些直线，那么，斜线和平面内的哪些直线垂直呢？下面我们来研究这个问题.

三垂线定理　在平面内的一条直线，如果和这个平面的一条斜线的射影垂直，那么它也和这条斜线垂直.

已知：AC 和 AB 分别是平面 α 的垂线和斜线，CB 是 AB 在平面 α 上的射影，$a\subset\alpha$，$a\perp BC$（图 6-32(a)).

求证：$a\perp AB$.

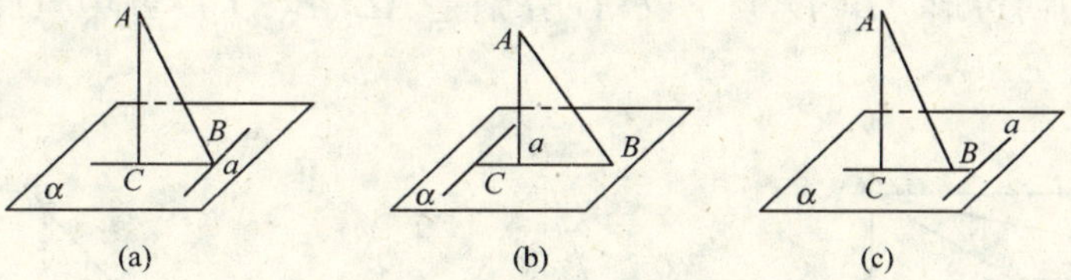

图 6-32

证明：$\because AC\perp$ 平面 α，$a\subset$ 平面 α，

$\therefore AC\perp a$.

$\because BC\perp a$，$AC\cap BC=C$，

$\therefore a\perp$ 平面 ACB.

$\because AB\subset$ 平面 ACB，

$\therefore a\perp AB$.

三垂线定理实质上是平面内的一条直线 a 和平面的一条斜线 AB 垂直的判定定理.这两条直线可以是相交直线（图 6-32(a)），也可以是异面直线（图 6-32(b)、(c)).

用类似上面的证明方法，可以得到：

三垂线定理的逆定理　在平面内的一条直线，如果和这个平面的一条斜线垂直，那么它也和这条斜线的射影垂直.

请同学们自己证明三垂线定理的逆定理.

例 6-8　经过直角三角形 ABC 的直角顶点 C，做线段 CP 垂直于这个三角形所在的平面 ABC. 已知 $AC=3$ cm，$BC=4$ cm，$PC=1.8$ cm，求点 P 到 AB 的距离.

解：如图 6-33 所示，在平面 ABC 内，过 C 作 $CD\perp AB$ 于 D，连结 PD.

根据三垂线定理，得

$PD\perp AB$.

$\therefore PD$ 就是点 P 到 AB 的距离.

在 $Rt\triangle ABC$ 中，CD 是斜边上的高.

又 $\because AB=\sqrt{AC^2+BC^2}=\sqrt{3^2+4^2}=5$，

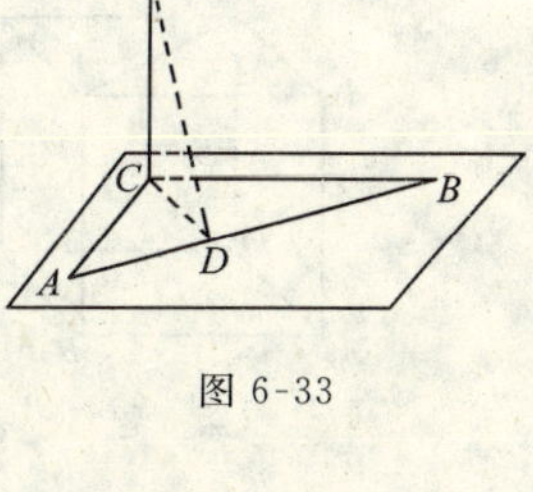

图 6-33

$\therefore CD=\frac{AC\cdot BC}{AB}=\frac{3\times 4}{5}=2.4$.

在 Rt$\triangle PCD$ 中，

$\because PC\perp$平面 ABC，$CD\subset$平面 ABC，

$\therefore PC\perp CD$，

$\therefore PD=\sqrt{PC^2+CD^2}=\sqrt{1.8^2+2.4^2}=3(\text{cm})$.

答：点 P 到 AB 的距离为 3 cm.

习题 6.3

1. 已知：A_1C_1 是长方体上底面的对角线. 求证：$A_1C_1\parallel$底面 $ABCD$.

2. 已知空间四边形 $ABCD$，点 E、F、G 分别是 AB、BC、CD 的中点. 求证：$BD\parallel$平面 EFG，$AC\parallel$平面 EFG.

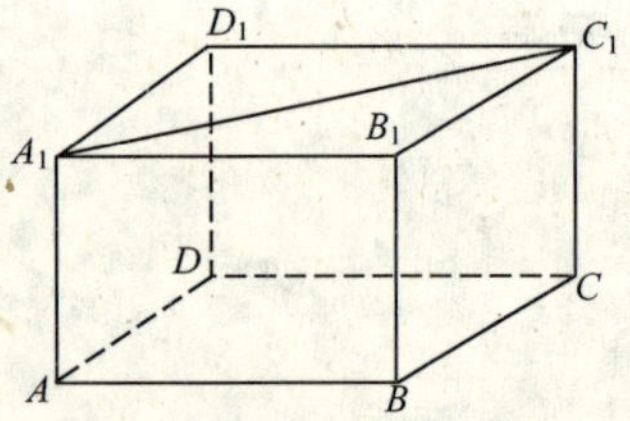

（第 1 题）

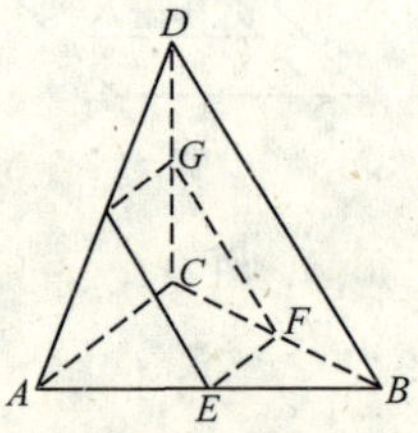

（第 2 题）

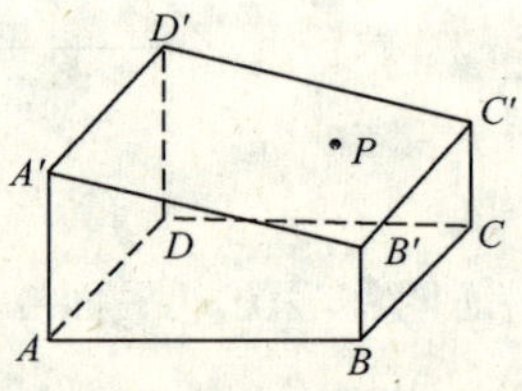

（第 3 题）

3. 有一块木料，如图所示，已知 $BC\parallel$平面 $A'C'$，要经过木料表面 $A'C'$ 内一点 P 和棱 BC 将木料锯开，应怎样画线？所画的线和平面 AC 有什么关系？

4. 如图所示，旗杆 $PO=12$ 米，绳子 $PA=PB=13$ 米，$OA=OB=5$ 米，且点 O、A、B 不在同一直线上. 求证：旗杆 PO 与地面 M 垂直.

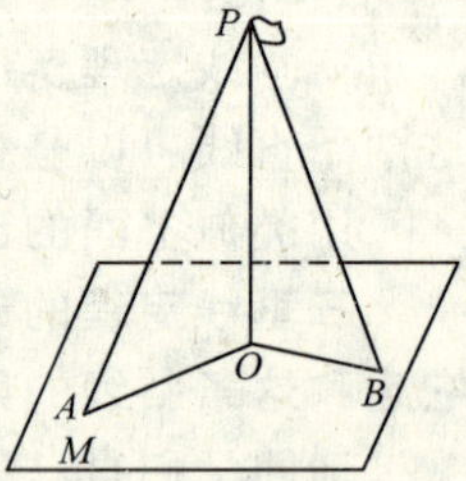

（第 4 题）

5. 已知斜线段的长是它在平面 M 上的射影长的 2 倍，求斜线和平面 M 所成的角.

6. 正方体的棱长为 3 厘米，求点 A 到 B_1D_1 的距离.

7. 有一块木料，如图，上底面有一点 P，要经过 P 点在上底面上画一条直线和 A、P 的连线垂直，应怎样画线？

8. 在正方体中，求证：

(1) $A_1C\perp B_1D_1$；　　(2) $A_1C\perp$平面 AB_1D_1.

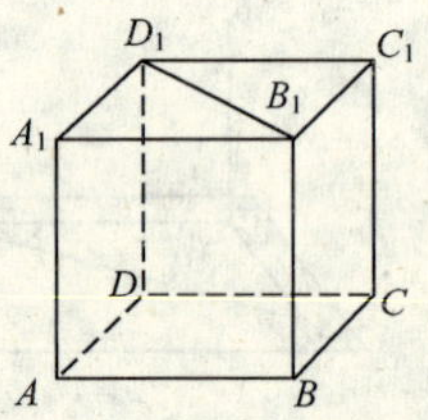

（第 6 题）

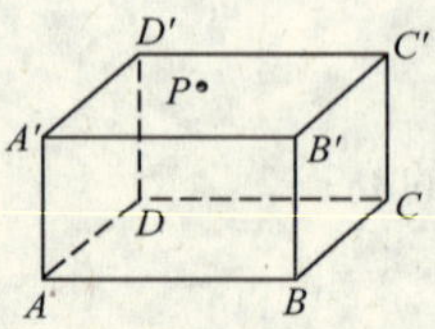

（第 7 题）

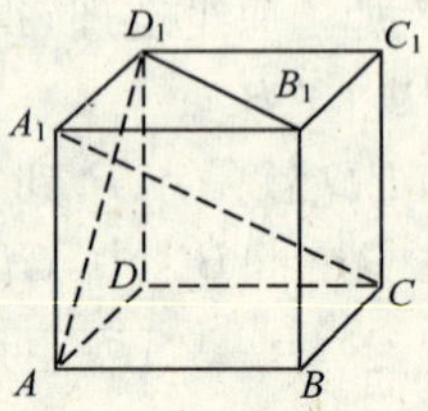

（第 8 题）

6.4　空间两个平面

6.4.1　平面与平面平行的判定和性质

观察教室里的四面墙、天花板和地面六个面之间的位置关系.用两块纸板表示两个平面,摆出它们的各种位置,可以发现,按两个平面的公共点的情况来分,可归纳为两种:一种是两个平面没有公共点.这时,我们说这两个平面互相平行(图 6-34(a));另一种是两个平面有公共点.根据公理 2,这些公共点构成一条公共直线.这时,我们说这两个平面相交(图 6-34(b)).

画两个互相平行的平面时,要注意使表示平面的两个平行四边形的对应边平行,如图 6-34(a)所示.而图 6-34(c)中的画法是不恰当的.画两个相交的平面时,要画出它们的交线,被遮部分要用虚线表示或不画出来,如图 6-34(b)所示.

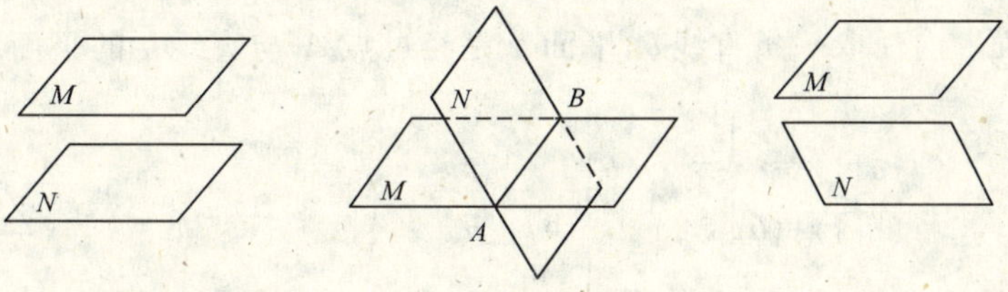

(a)　(b)　(c)

图 6-34

平面 M 与平面 N 平行,写做平面 $M /\!/$ 平面 N.两个平面 M、N 相交于直线 AB,写做 $M \cap N = AB$.

平面和平面平行的判定定理　**如果一个平面内的两条相交直线都平行于另一个平面,那么这两个平面互相平行.**

即　如果 $a \subset$ 平面 M,$b \subset$ 平面 M,$a \cap b = P$,

$a /\!/$ 平面 N,$b /\!/$ 平面 N(图 6-35),

那么平面 $M /\!/$ 平面 N.

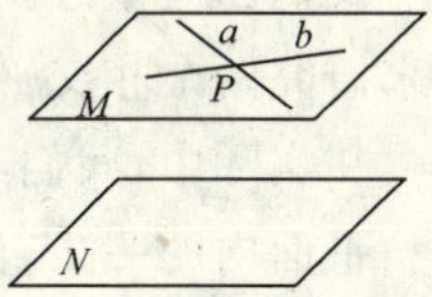

图 6-35

推论　**如果一个平面内的两条相交直线分别和另一个平面内的两条相交直线平行,那么这两个平面平行.**

例如,可以折叠的三脚凳,当凳子在地面撑开时,凳面必与地面平行(图 6-36),这就是推论的具体运用.

图 6-36

根据两个平面平行及直线和平面平行的定义可知:

两个平行平面,其中一个平面内的直线必平行于另一个平面.

两个平面平行的性质定理　**如果两个平行平面同时和第三个平面相交,那么它们的交线互相平行.**

即　如果平面 $M /\!/$ 平面 N,平面 $M \cap$ 平面 $P = a$,平面 $N \cap$ 平面 $P = b$(图 6-37),

那么 $a /\!/ b$.

推论　夹在两个平行平面之间的平行线段的长相等.

即　如果平面 $M /\!/$ 平面 N，A、C 在平面 M 内，B、D 在平面 N 内，且 $AB /\!/ CD$(图 6-38)，那么 $AB=CD$.

例 6-9　一条直线垂直于两个平行平面中的一个平面，那么它也垂直于另一个平面.

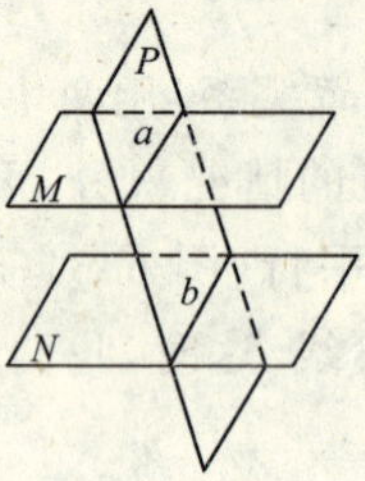

图 6-37

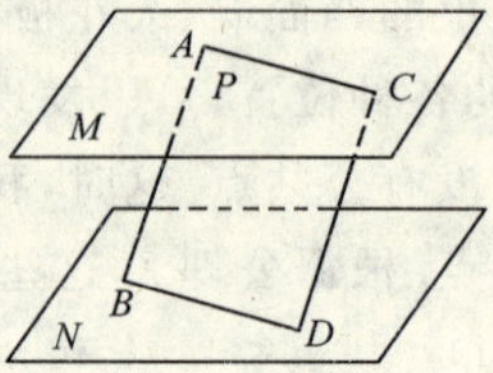

图 6-38

已知: $\alpha /\!/ \beta$，$l\perp\alpha$，$l\cap\alpha=A$(图 6-39).

求证: $l\perp\beta$.

证明: 在平面 β 内任取一条直线 b，平面 γ 是经过点 A 与直线 b 的平面. 设 $\gamma\cap\alpha=a$.

$$\left.\begin{array}{l}\left.\begin{array}{l}\alpha /\!/ \beta\\ \alpha\cap\gamma=a\\ \beta\cap\gamma=b\end{array}\right\}\Rightarrow a /\!/ b\\ \left.\begin{array}{l}a\subset\alpha\\ l\perp\alpha\end{array}\right\}\Rightarrow l\perp a\end{array}\right\}\Rightarrow l\perp b.$$

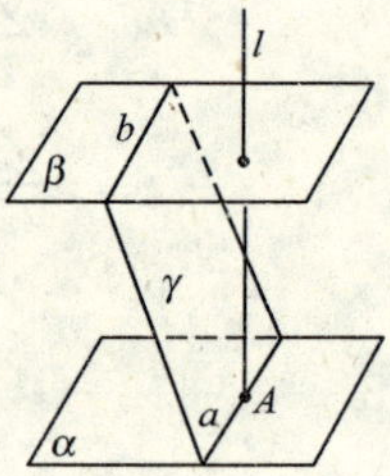

图 6-39

因为直线 b 是平面 β 内的任意一条直线，所以 $l\perp\beta$.

6.4.2　二面角

我们已经学过两条相交直线所成的角、异面直线所成的角和直线与平面所成的角，现在来研究两个相交平面所成的角.

在实际中，我们经常会遇到两个平面相交，需要确定它们所成角的大小.

平面内的一条直线，把这个平面分成两部分，其中的每一部分都叫做**半平面**. 从一条直线出发的两个半平面所组成的图形叫做**二面角**，这条直线叫做**二面角的棱**. 这两个半平面叫做**二面角的面**.

如图 6-40 所示，棱为 AB，或棱为 l 的二面角，写做“二面角 $M-AB-N$”或“二面角 $\alpha-l-\beta$”.

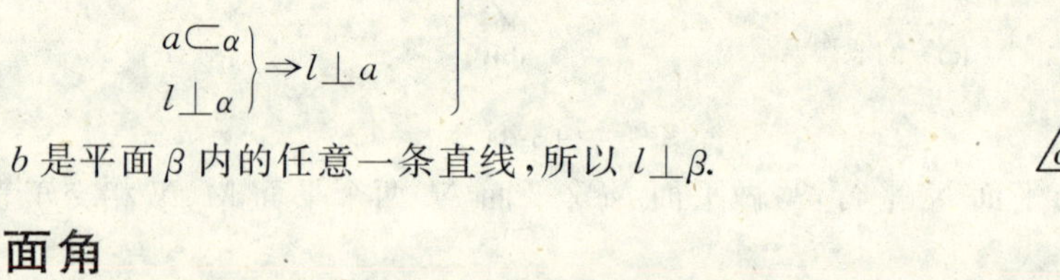

图 6-40

拿一张长方形的硬纸，对折后再张开所成的图形就是二面角. 以折痕为棱，在棱上任取两个点 O_1 和 O_2，在两个半平面内，从点 O_1 和 O_2 分别做 O_1C、O_1D 和 O_2A、O_2B 都垂直于棱，则不论二面角张开到什么位置时，都有 $\angle CO_1D=\angle AO_2B$. 可见 $\angle CO_1D$ 的大小与点 O_1 在棱上的位置无关. 又因为从棱上任意一点在两个面内都只能做一条垂直于棱的射线，因此，这两条射线的夹角的大小是惟一确定的(图 6-41).

以二面角的棱上任意一点为端点，在两个半平面内分别做垂直于棱的两条射线，这两条射线所成的角叫做二面角的平面角(图 6-42)，所以二面角的大小，可以用它的平面角的大小来表示. 二面角的平面角是几度，就说这个二面角是几度. 二面角的平面角的范围是[0°,180°].

平面角是直角的二面角叫做**直二面角**. 两个平面相交，如果所成的二面角是直二面角，就说这**两个平面互相垂直**.

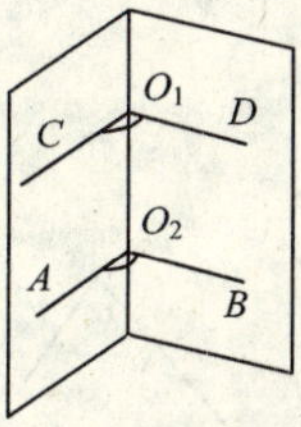

图 6-41

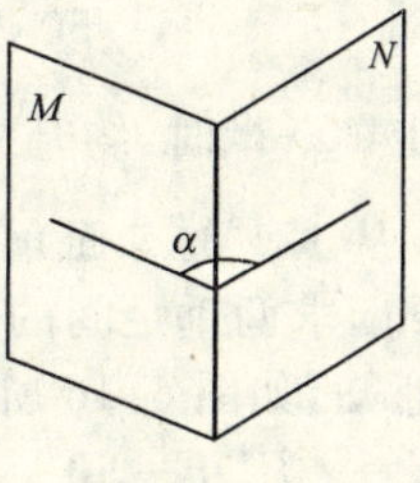

图 6-42

例如，教室的墙壁和地面互相垂直，相邻两面墙互相垂直，正方体相邻两个面互相垂直等都是直二面角的例子，两个互相垂直的平面，通常可画成如图 6-43 所示.

平面 M 和平面 N 垂直，写做平面 $M\perp$ 平面 N.

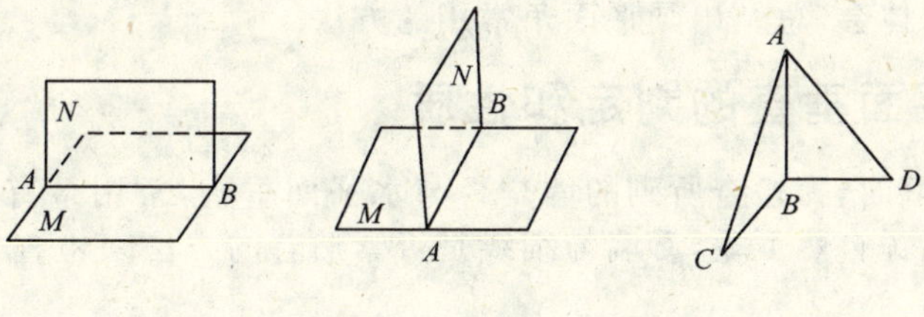

图 6-43

例 6-10　直二面角 $M-AB-N$ 内，$CD\subset$ 平面 M，$CD/\!/AB$，CD 与 AB 相距 12 cm，点 $E\in$ 平面 N，点 E 与 AB 的距离为 6 cm. 求点 E 到直线 CD 的距离.

解：如图 6-44 所示，在平面 N 内，从点 E 做 $EF\perp AB$，交 AB 于 F. 在平面 M 内，过 F 做 $FG\perp AB$，交 CD 于 G，连结 EG. 则 $\angle EFG$ 为二面角 $M-AB-N$ 的平面角. 又二面角 $M-AB-N$ 是直二面角，所以 $EF\perp FG$，EF 是平面 M 的垂线.

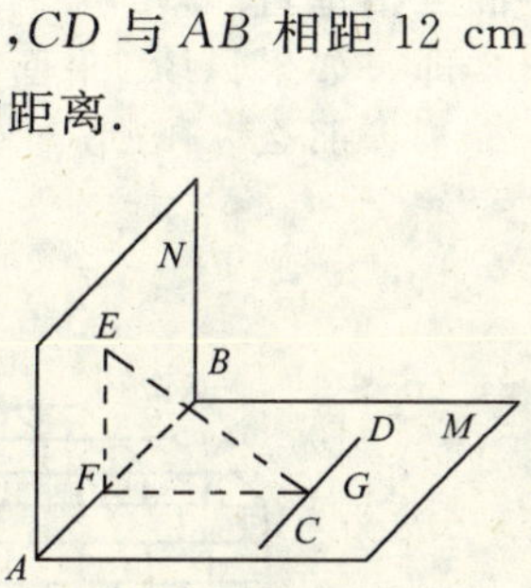

图 6-44

$\because CD/\!/AB$，

$\therefore FG\perp CD$，

根据三垂线定理,有 $CD \perp EG$.

因此 EG 就是点 E 到 CD 的距离.

在 Rt$\triangle EFG$ 中,$EF=6$ cm,$FG=12$ cm.

$\therefore EG=\sqrt{EF^2+FG^2}=\sqrt{6^2+12^2}=6\sqrt{5}$(cm).

答:点 E 到 CD 的距离为 $6\sqrt{5}$ cm.

例 6-11 有一山坡,它的倾斜角是 30°,山坡上有一道路和坡底线成 60°,沿此道路由坡底向上走 100 米,问升高了多少米(精确到 1 米)?

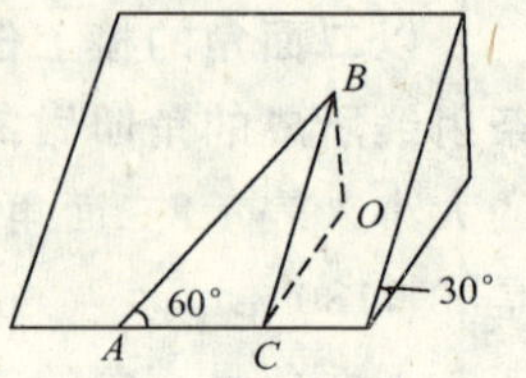

图 6-45

解:如图 6-45 所示,知$\angle BCO=30°$,$\angle BAC=60°$.

在 Rt$\triangle ABC$ 中,$BC=AB\cdot\sin60°=100\times\frac{\sqrt{3}}{2}=50\sqrt{3}$.

在 Rt$\triangle BCO$ 中,$BO=BC\cdot\sin30°$

$$=50\sqrt{3}\times\frac{1}{2}=25\sqrt{3}\approx43(\text{米}).$$

答:向上走 100 米时,约升高了 43 米.

例 6-12 从 120°的二面角内一点,到二面角的两个面的垂线长都是 10 cm,求两垂足间的距离.

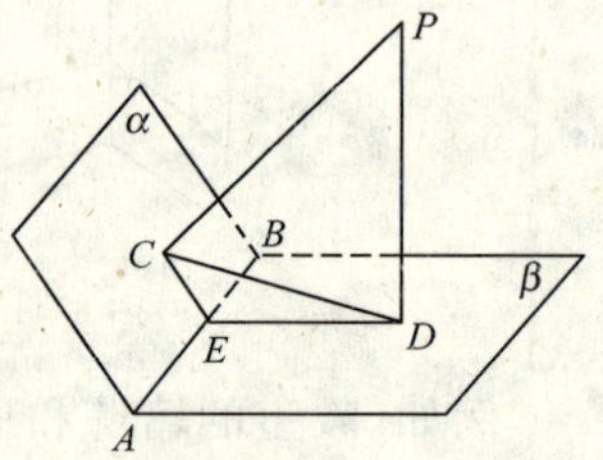

图 6-46

解:由题意知,如图 6-46 所示,$\angle CED=120°$.

又$\angle PCE=\angle PDE=90°$,$\therefore\angle P=60°$.

又$\because PC=PD=10$(cm),

$\therefore\triangle PCD$ 是等边三角形.

$\therefore CD=10$(cm).

即两垂足间的距离为 10 cm.

从以上几个例题可以看出,解与二面角有关的问题,关键是在图形中画出它的平面角.根据自己的学习体会,总结出画平面角常用的方法.

6.4.3 两个平面垂直的判定和性质

建筑工人在砌墙时,为检查所砌的墙是否与水平面垂直,常用系有铅锤的细线,一端靠在墙的上沿,让铅锤自然下垂,看墙与细线是否紧贴着的方法来检查(图 6-47).它启发我们得到

两个平面垂直的判定定理 如果一个平面经过另一个平面的一条垂线,那么这两个平面互相垂直.

即 如果 $AB\subset$平面 α,$AB\perp\beta$

那么 $\alpha\perp\beta$(图 6-48).

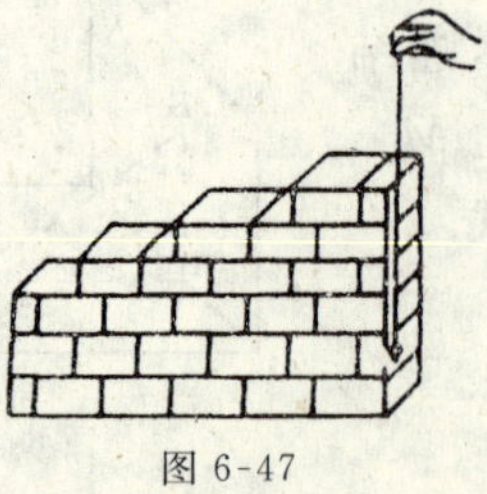
图 6-47

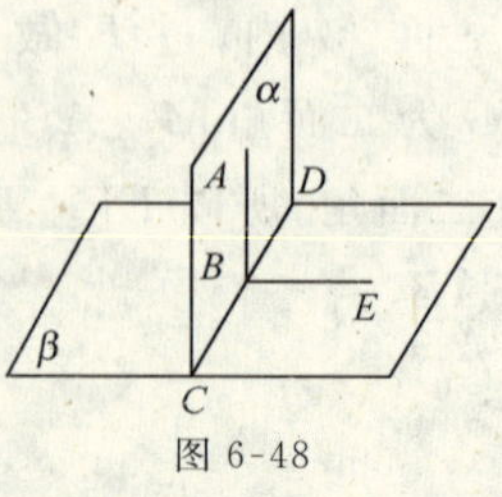

图 6-48

两个平面垂直的性质定理　**如果两个平面垂直,那么在一个平面内垂直于它们交线的直线垂直于另一个平面.**

即　如果 $\alpha \perp \beta$,$\alpha \cap \beta = CD$,$AB \subset$ 平面 α,$AB \perp CD$,

　　那么 $AB \perp$ 平面 β(图 6-49).

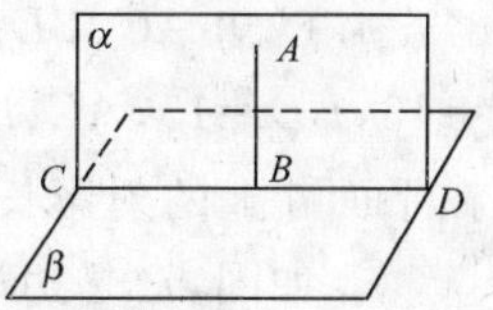

图 6-49

根据这个定理和“过一点能且只能做一条直线与已知平面垂直”的定理,我们得到:

推论 1　**如果两个平面互相垂直,那么经过第一个平面内一点而垂直于第二个平面的直线在第一个平面内.**

推论 2　**如果两个相交平面都垂直于第三个平面,那么它们的交线也垂直于第三个平面.**

如图 6-50 所示,平面 $M \cap$ 平面 $N = a$,平面 $M \perp$ 平面 P,平面 $N \perp$ 平面 P,则 $a \perp$ 平面 P.

例 6-13　如图 6-51 所示,PA 垂直于圆 O 所在的平面,AB 是圆 O 的直径,C 是圆周上异于 A、B 的任意一点.求证:平面 $PAC \perp$ 平面 PBC.

证明:

$$\left.\begin{array}{l}\left.\begin{array}{l}PA \perp \text{圆面} \\ BC \subset \text{圆面}\end{array}\right\} \Rightarrow PA \perp BC \\ AB\text{ 为圆的直径,点 } C \text{ 在圆周上} \Rightarrow AC \perp BC \\ PA \cap AC = A\end{array}\right\} \Rightarrow \left.\begin{array}{l}BC \perp \text{平面 } PAC \\ BC \subset \text{平面 } PBC\end{array}\right\}$$

$\Rightarrow$ 平面 $PAC \perp$ 平面 PBC.

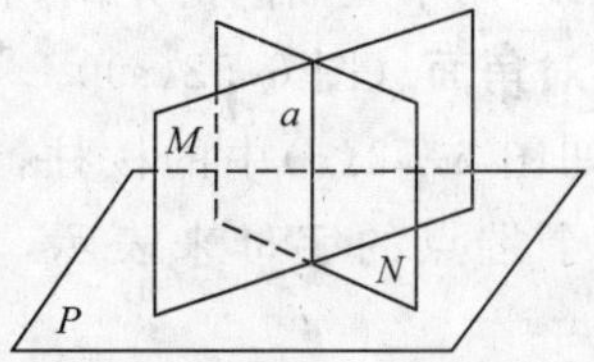

图 6-50

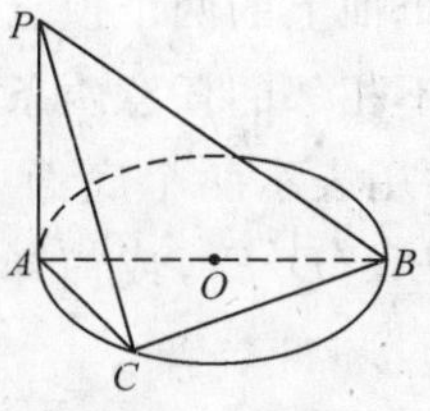

图 6-51

习题 6.4

1. 填空题

在正方体 $ABCD-A_1B_1C_1D_1$ 中

(1)二面角 $A-BB_1-C_1$ 的度数是________;

(2)二面角 $D-BB_1-C_1$ 的度数是________;

(3)二面角 B_1-AC-B 的正切值是________;

(4)二面角 C_1-BD-A 的正切值是________.

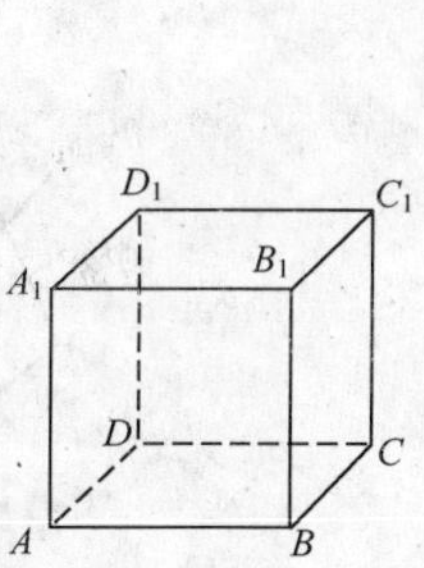

(第 1 题)

2. 正方形 $ABCD$ 的边长为 a,以对角线 BD 为折痕折成直二面角 $A-BD-C$,连 AC,求二面角 $B-AC-D$ 的余弦值.

3. 两个平行平面之间的距离等于 10 cm，一条直线和它们相交成 $30°$ 角，求这条直线夹在这两个平面间的线段的长.

4. 已知 AC、BD 是夹在两个平行平面 α、β 间的两条线段，$AC=13$，$BD=15$，AC、BD 在平面 β 内的射影的和是 14. 求 AC 和 BD 在平面 β 上的射影长各是多少.

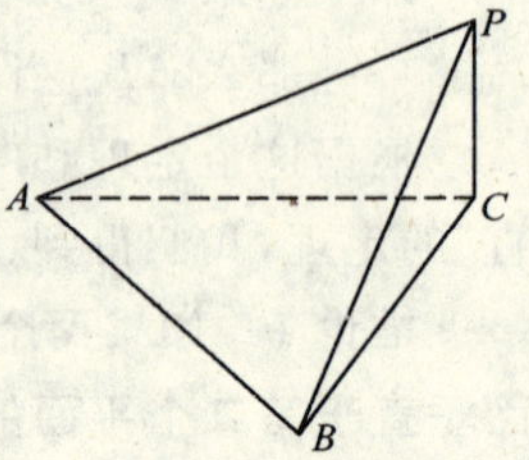

(第 5 题)

5. 如图，P 是边长为 a 的正 $\triangle ABC$ 外一点，$PC\perp$ 平面 ABC，$PC=\frac{1}{2}$.

(1)求点 P 到 AB 的距离；

(2)求二面角 $P-AB-C$ 的大小.

6.5 多面体与旋转体简介

6.5.1 棱柱

我们常见的一些物体，例如三棱镜、砖块、六棱铅笔，都是棱柱形状的物体.

有两个面互相平行，其余各面都是四边形，并且每相邻两个四边形的公共边都互相平行的多面体叫做**棱柱**. 其中，相互平行的两个面叫做**棱柱的底面**，其余的各个面叫做**棱柱的侧面**，相邻两个侧面的公共边叫做**棱柱的侧棱**，侧面与底面的公共顶点叫做**棱柱的顶点**，不在同一个面上的两个顶点的连线叫做**棱柱的对角线**，两个底面间的距离叫做**棱柱的高**，过棱柱的不相邻的任意两条侧棱的截面叫做**棱柱的对角面**.(图 6-52(a))

棱柱通常用表示两个底面多边形的字母来表示. 如图 6-52(a)中的棱柱，记做棱柱 $ABCDE-A'B'C'D'E'$，或简单地用一条对角线的两个端点的字母来表示，例如棱柱 AD'.

棱柱按照侧棱和底面相交的情况，有斜柱和直棱柱. 侧棱垂直于底面的棱柱叫做**直棱柱**(图 6-52(b))，侧棱和底面不垂直的棱柱叫做**斜棱柱**(图 6-52(c))，底面是正多边形的直棱柱叫做**正棱柱**(图 6-52(d)).

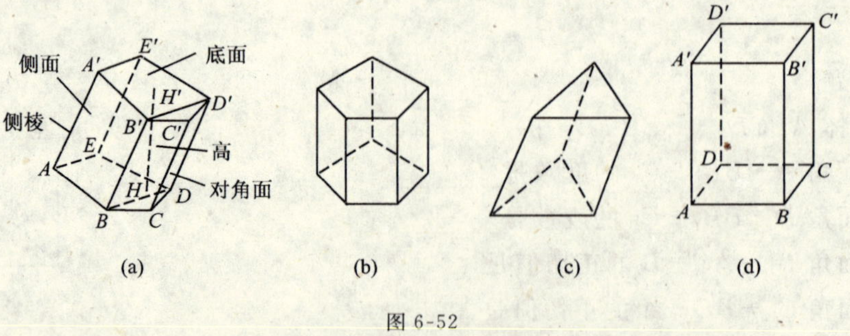

图 6-52

棱柱按照底面多边形的边数又可分为**三棱柱**、**四棱柱**、**五棱柱**等等.

根据正棱柱的定义，容易得到正棱柱的一些性质：

(1)侧棱都相等,侧面是全等的矩形;

(2)两个底面与平行于底面的截面是全等的正多边形;

(3)过不相邻的两条侧棱的截面是矩形.

现在我们来研究几种常见的特殊四棱柱.底面是平行四边形的棱柱叫做**平行六面体**.侧棱与底面斜交的平行六面体叫做**斜平行六面体**.侧棱与底面垂直的平行六面体叫做**直平行六面体**.底面是矩形的直平行六面体叫做**长方体**.棱长都相等的长方体叫做**正方体**.(图 6-53)

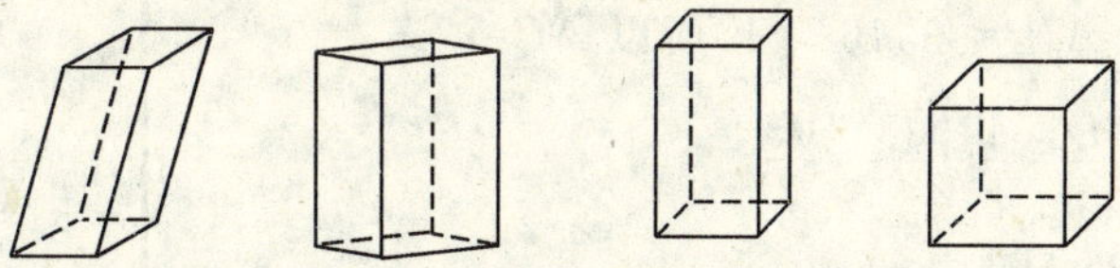

(a)斜平行六面体　(b)直平行六面体　(c)长方体　(d)正方体

图 6-53

它们之间的关系还可以用图 6-54 表示.

长方体的一条对角线长的平方等于它的长、宽、高的平方和(图 6-55).

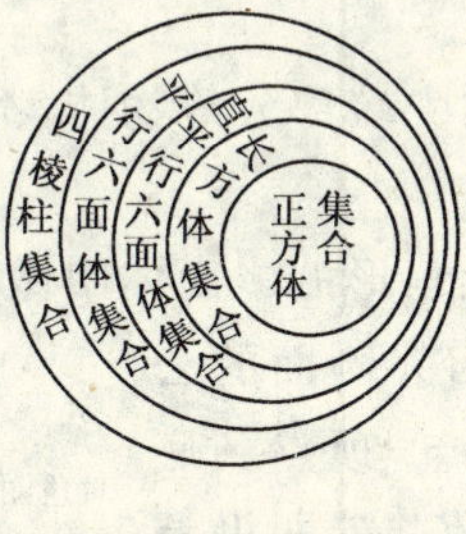

图 6-54

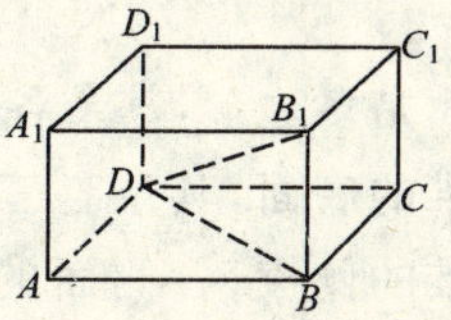

图 6-55

例 6-14　在长方体 $ABCD-A_1B_1C_1D_1$ 中(图 6-56):

(1)长方体所有各面的面积之和为 22 cm^2,所有各棱长度总和为 24 cm,那么它的对角线的长是多少?

(2)$\angle BAB_1=\angle B_1A_1C_1=30°$,$AA_1=1$,长方体的对角线长是多少?

(3)在(2)的条件下,点 D_1 到 AC 的距离是多少?

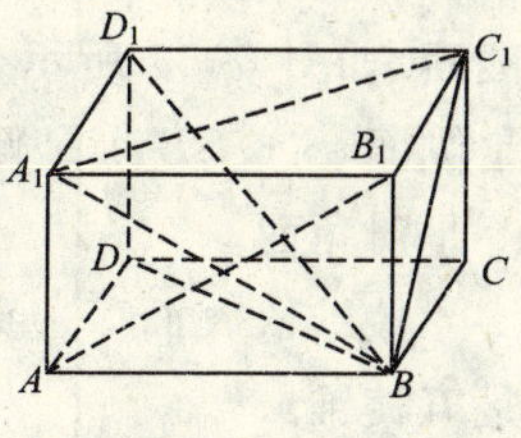

图 6-56

解:(1)设长方体的长、宽、高分别为 a、b、c,根据题意,得

$$\begin{cases}2ab+2bc+2ca=22,\\4(a+b+c)=24,\end{cases}\quad 即\begin{cases}2(ab+bc+ca)=22,\\a+b+c=6.\end{cases}$$

$\because a^2+b^2+c^2=(a+b+c)^2-2(ab+bc+ca)=36-22=14$,

$\therefore$ 对角线长 $=\sqrt{a^2+b^2+c^2}=\sqrt{14}$ cm.

(2)如图 6-56 所示,$\because AA_1=BB_1=1$,$\angle BAB_1=30°$,

$\therefore AB=BB_1\cdot\cot\angle BAB_1=\sqrt{3}$.

$\because \angle B_1A_1C_1=30°$,

$\therefore B_1C_1=A_1B_1\cdot\tan 30°=\sqrt{3}\cdot\frac{\sqrt{3}}{3}=1$.

故对角线 $BD_1=\sqrt{1^2+1^2+(\sqrt{3})^2}=\sqrt{5}$.

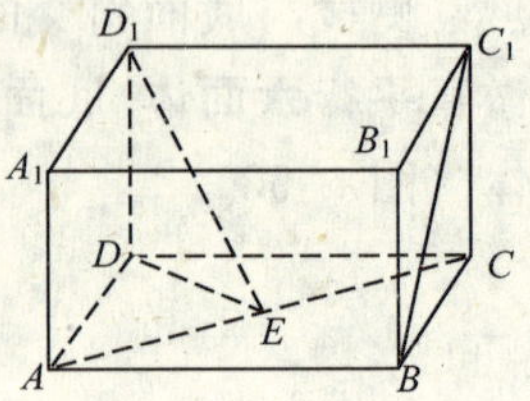

图 6-57

(3)如图 6-57 所示,在平面 $ABCD$ 内,做 $DE\perp AC$ 于 E,连结 D_1E,因为 $D_1D\perp$平面 $ABCD$,所以 $D_1E\perp AC$,那么 D_1E 就是 D_1 到 AC 的距离.

在(2)中已求得 $AB=\sqrt{3}$,$BC=1$,所以 $AC=2$.

$\therefore DE=\frac{AD\cdot CD}{AC}=\frac{1\times\sqrt{3}}{2}=\frac{\sqrt{3}}{2}$.

在直角三角形 D_1DE 中,

$D_1E=\sqrt{DD_1^2+DE^2}=\sqrt{1+\frac{3}{4}}=\frac{\sqrt{7}}{2}$.

$\therefore D_1$ 到 AC 的距离是$\frac{\sqrt{7}}{2}$.

6.5.2 棱锥

埃及的金字塔、我国古建筑的塔顶部分、铁钉、木桩的尖端部分等物体,都给我们以棱锥的形象.

有一个面是多边形,其余各面是有一个公共顶点的三角形的多面体叫做**棱锥**.这个多边形叫做**棱锥的底面**,其余各三角形叫做**棱锥的侧面**,相邻侧面的公共边叫做**棱锥的侧棱**,各侧面的公共顶点叫做**棱锥的顶点**,顶点到底面的距离叫做**棱锥的高**,经过棱锥的不相邻的两条侧棱的截面叫做**棱椎的对角面**,经过棱锥的高的中点且平行于底面的截面叫做**棱锥的中截面**.如图 6-58 所示,多边形 $ABCDE$ 叫做底面,$\triangle ABS$、$\triangle BCS$、…是侧面,SA、SB 等是侧棱,S 是顶点,SO 是棱锥的高,$\triangle SAC$、$\triangle SBD$ 等是对角面.

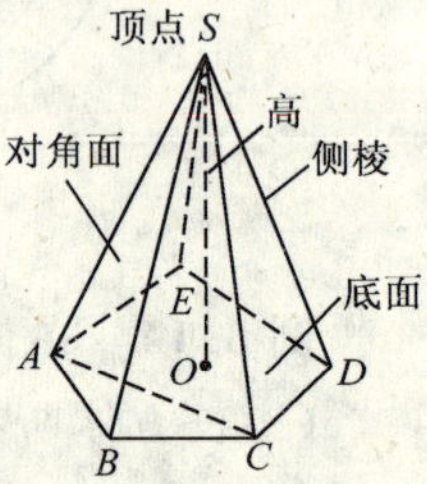

图 6-58

棱锥依底面多边形的边数而分别叫做三棱锥、四棱锥、五棱锥等.例如图 6-58 所示,是五棱锥.

如果棱锥的底面是一个正多边形,并且顶点在底面的射影是底面正多边形的中心,这样的棱锥叫做正棱锥.如图 6-59(a)、(b)、(c)所示,分别为正三棱锥、正四棱锥、正六棱锥.

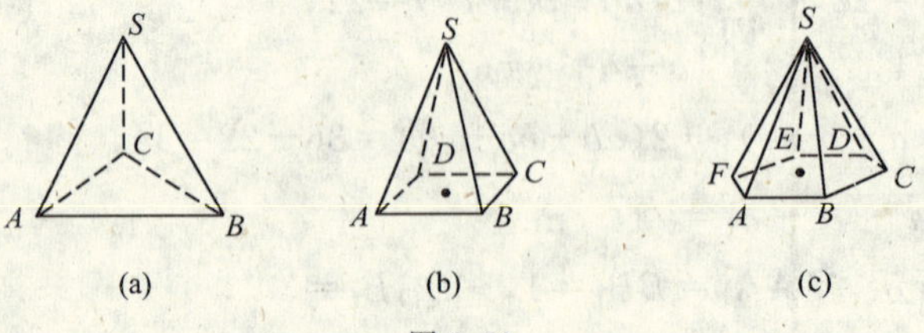

图 6-59

侧棱和底面边长相等的正三棱锥叫做正四面体.

棱锥可以用表示顶点和底面多边形的字母来表示，如图 6-60 所示的棱锥，记做棱锥 $S-ABCDE$，或简写为五棱锥 $S-AD$.

棱锥具有以下性质：

定理　如果一个棱锥被平行于底面的一个平面所截，那么

(1)棱锥的侧棱和高被这个截面分成比例线段；

(2)所得截面是和底面相似的多边形；

(3)截面面积和底面面积之比等于从顶点到截面和从顶点到底面的距离的平方比.

(图 6-60)

在棱锥 $S-ABCDE$ 中，已知 SH 是棱锥的高，截面 $A_1B_1C_1D_1E_1$ 平行于底面，并与 SH 交于 H_1. 则

$$\frac{SH_1}{SH}=\frac{SA_1}{SA}=\frac{SB_1}{SB}=\cdots\frac{SE_1}{SE};$$

截面 $A_1B_1C_1D_1E_1 \backsim$ 底面 $ABCDE$；

$$\frac{S_{A_1B_1C_1D_1E_1}}{S_{ABCDE}}=\frac{SH_1^2}{SH^2}.$$

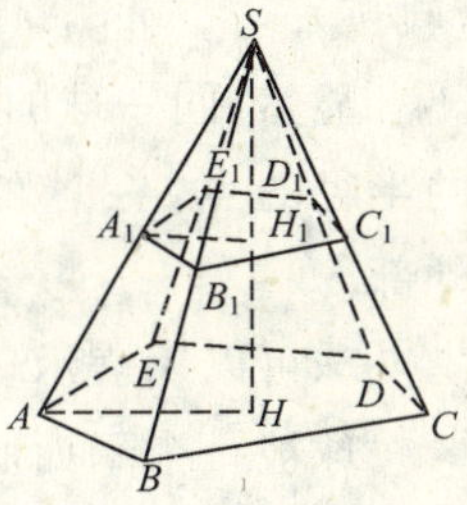

图 6-60

证明略.

正棱锥除了具有以上性质外，还有如下性质：

(1)正棱锥的所有侧棱长都相等；

(2)正棱锥的各侧面是互相全等的等腰三角形；

(3)正棱锥的侧面等腰三角形底边上的高叫做正棱锥的斜高. 正棱锥的斜高相等.

在正棱锥中，如图 6-61 所示，有下面四个直角三角形，它们在解题中，经常得到应用. 图中 SO 是高，SE 是斜高：

(1)Rt$\triangle SOE$；　　(2)Rt$\triangle SOA$；

(3)Rt$\triangle SEB$；　　(4)Rt$\triangle OEB$.

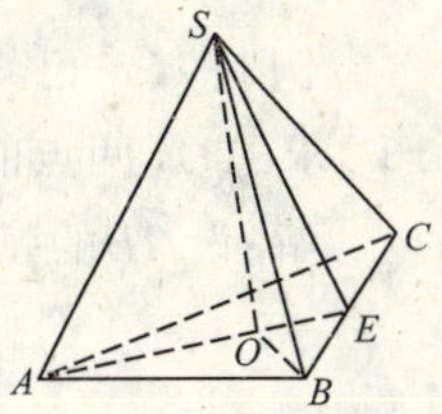

图 6-61

例 6-15　已知正六棱锥 $S-ABCDEF$ 的底面边长是 5，侧棱长是 10. 求棱锥的高 SO 和斜高 SM.

解：如图 6-62 所示，因为底面是正六边形，所以 $OC=5$.

在 Rt$\triangle SCO$ 中

$SO=\sqrt{SC^2-OC^2}=\sqrt{10^2-5^2}=5\sqrt{3}$.

在 Rt$\triangle SCM$ 中，$CM=\frac{5}{2}$，

$\therefore SM=\sqrt{SC^2-CM^2}=\sqrt{10^2-\left(\frac{5}{2}\right)^2}=\frac{5\sqrt{15}}{2}$.

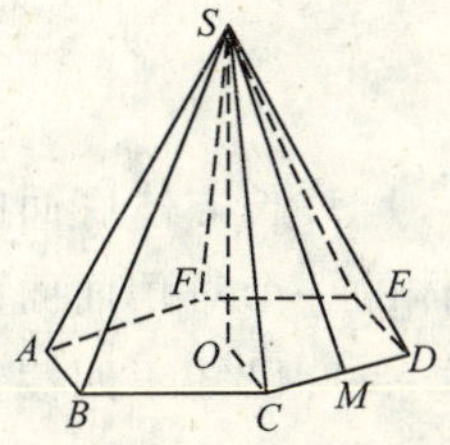

图 6-62

答：正六棱锥的高是 $5\sqrt{3}$，斜高是 $\frac{5\sqrt{15}}{2}$.

6.5.3 球

球形的物体是我们经常见到的,如篮球、乒乓球、滚珠等.

以半圆的直径所在直线为轴,旋转一周所成的曲面叫做球面;球面所围成的几何体叫做**球体**,简称**球**;半圆的圆心叫做**球心**;连结球心和球面上任意一点的线段叫做球的**半径**,连结球面上两点,并且经过球心的线段叫做球的**直径**.

如图 6-63 所示,点 O 是球心,线段 OC 是球半径,线段 AB 是球的直径.

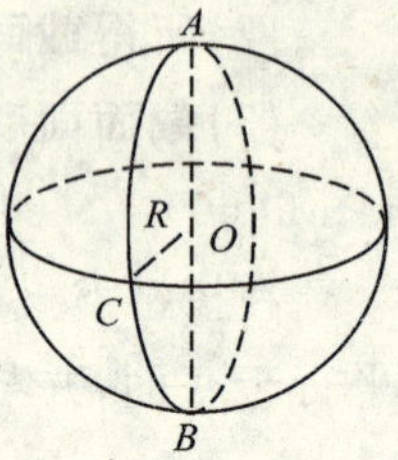

图 6-63

球面就是到定点(球心)距离等于定长(半径)的所有点的集合(轨迹).

显然,同一球的半径相等,同一球的直径相等.到球心距离小于球的半径的点,在球的内部;到球心距离大于球的半径的点,在球的外部.

球可以用表示球心的字母表示,如球 O.

球被一个平面所截,截面是圆面.经过球心的平面截得的圆叫做**大圆**,不经过球心的平面截得的圆叫做**小圆**.

球的截面有以下性质:

(1)**球心和截面圆心的连线垂直于截面小圆**(图 6-64);

(2)球心到小圆面的距离 d 与球的半径 R 及小圆的半径 r,有下面的关系

$$r=\sqrt{R^2-d^2}.$$

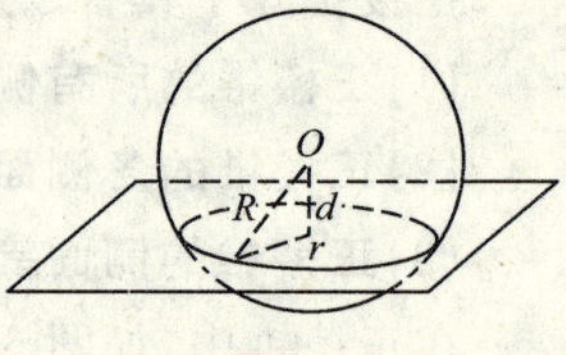

图 6-64

例 6-16 已知地球上两点 A 和 B,球心为 O,且 $\angle AOB=10°$.求 A、B 两点的球面距离.

解:设 $\overset{\frown}{AB}$ 的弧长为 l,则

$$l=\frac{n\pi R}{180}=\frac{10\times3.14\times6370}{180}=1111.2(\text{km})$$

答:A、B 两点的球面距离约为 1111.2 km.

习题 6.5

1.长方体底面的两邻边长分别是 12 cm 和 16 cm.它的对角面是正方形.求这个长方体的一个对角面面积.

2.已知正四棱锥底面边长为 6 cm,高为 4 cm,求侧棱和斜高.

3.如果一个球的半径扩大 3 倍,那么它的体积扩大多少倍?

4.把表面积为 $36\pi\ \text{cm}^2$、$64\pi\ \text{cm}^2$、$100\pi\ \text{cm}^2$ 的三个铅球,熔成一个大铅球,则这个大铅球的体积为多少 cm^3?

附录:各种多面体、旋转体的面积、体积的计算公式表

表Ⅰ

	多面体		
定义	由若干个平面多边形所围成的封闭几何体叫做多面体		
名称	棱柱	棱锥	棱台
定义	有两个面相互平行,其余各面都是四边形,并且每相邻两个四边形的公共边都互相平行的多面体叫做棱柱.	有一个面是多边形,其余各面是有一个公共顶点的三角形的多面体叫做棱锥.	用一个平行于棱锥底面的平面去截棱锥,所得截面和底面之间的部分叫做棱台.
图形	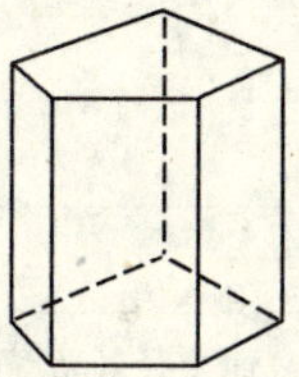	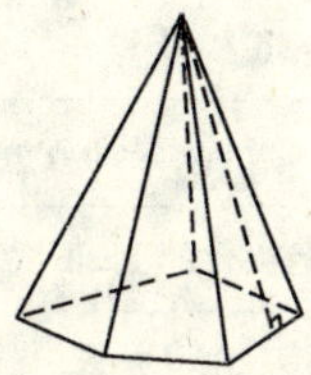	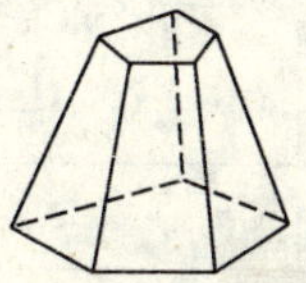
侧面积	$S_{\text{直棱柱侧}}=ch$ c 是底面周长 h 是高	$S_{\text{正棱锥侧}}=\frac{1}{2}ch'$ c 是底面周长 h'是斜高	$S_{\text{正棱台侧}}=\frac{1}{2}(c+c')h$ c、c'分别是上、下底面周长 h 是斜高
表面积	$S_{\text{直棱柱表}}=S_{\text{直棱柱侧}}+2S_{\text{直棱柱底}}$	$S_{\text{正棱锥表}}=S_{\text{正棱锥侧}}+S_{\text{正棱锥底}}$	$S_{\text{正棱台表}}=S_{\text{正棱台侧}}+S_{\text{正棱台上底}}+S_{\text{正棱台下底}}$
名称	正多面体		
定义	各个面都是全等的正多边形,而且各个多面角都是全等的多面角的凸多面体叫做正多面体.		

表Ⅱ

	旋转体			
名称	圆柱	圆锥	圆台	球
定义	一个矩形绕着它的一边旋转一周所得的几何体	一个直角三角形绕着它的一条直角边旋转一周所得的几何体	一个直角梯形绕着垂直于底的腰旋转一周所得的几何体	半圆面绕着它的直径旋转一周所得的几何体
图形	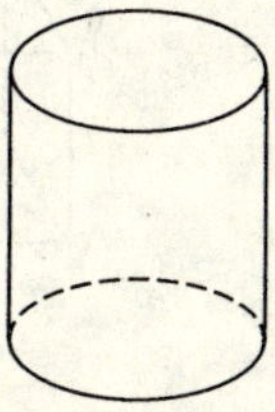	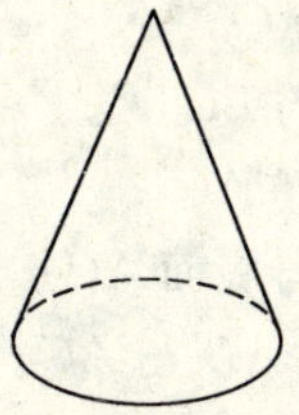	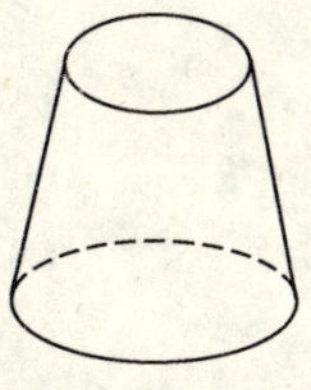	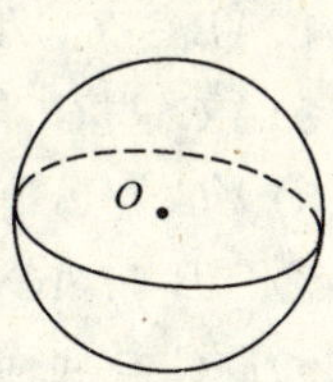
表面积	$S=2\pi rl+2\pi r^2$ r 是底面半径 l 是母线长	$S=\pi rl+\pi r^2$ r 是底面半径 l 是母线长	$S=\pi(R+r)l+\pi(R^2+r^2)$ r、R 是底面半径 l 是母线长	$S=4\pi R^2$ R 是球的半径

表Ⅲ

多面体和旋转体的体积	
祖暅原理	夹在两个平行平面之间的两个几何体，被平行于这两个平面的任何平面所截，如果截得的两个截面的面积总相等，那么这两个几何体的体积也相等.
名称	体　　积
长方体	$V=abc$. $V=sh$. a、b、c 分别是长方体的长、宽、高，s 是底面积，h 是高
棱柱	$V=sh$，s 是棱柱的底面积，h 是高
圆柱	$V=sh=\pi r^2 h$，s 是圆柱的底面积，h 是高，r 是底面半径
棱锥	$V=\frac{1}{3}sh$. s 是棱锥的底面积，h 是高
圆锥	$V=\frac{1}{3}sh=\frac{1}{3}\pi r^2 h$. s 是圆锥的底面积，h 是高，r 是底面半径
棱台	$V=\frac{1}{3}(s'+\sqrt{s's}+s)h$. s、s' 分别是棱台的上、下底面面积，h 是高
圆台	$V=\frac{1}{3}h(s'+\sqrt{s's}+s)=\frac{1}{3}\pi h(r'^2+rr'+r^2)$. r、r' 分别是圆台上、下底面半径，h 是高
球	$V=\frac{4}{3}\pi R^3$. R 是球的半径

复习题六

1. 回答下列的问题：

(1)空间两条直线没有公共点，是否就是指它们相互平行？

(2)两条直线都平行于一个平面，这两条直线是否一定平行？

(3)一条直线垂直于一个平面，这条直线是否垂直于这个平面上的任何一条直线？

(4)一条直线同时平行于两个相交平面，这条直线是否平行于这两个平面的交线？

(5)如果直线 $a/\!/b$，$b/\!/c$，那么直线 a 和 c 是否一定平行？

(6)如果直线 $a\perp b$，$b\perp c$，那么直线 a 和 c 是否一定平行？

(7)垂直于同一条直线的两条直线是否一定平行？

(8)平行于同一条直线的两个平面是否一定平行？

2. 如图所示正方体中，各组线、面所成的角各为多少度？

(1)AB 与 CC'；　(2)AB' 与 CC'；

(3)$A'C'$ 与 CC'；　(4)$A'C'$ 与 BC'；

(5)$A'C'$ 与 AB；　(6)$B'D'$ 与 AC'；

(7)$D'B$ 与 AC；　(8)$A'A$ 与底面 AC；

(9)$D'C$ 与底面 AC；　(10)侧面 AB' 与 AC.

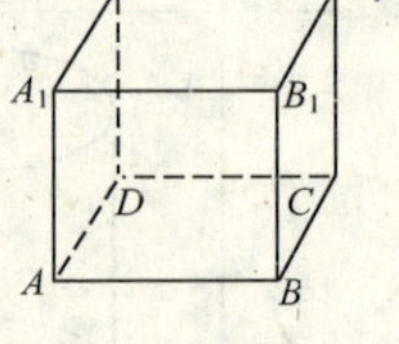

(第 2 题)

3. 把长宽各为 4 与 3 的长方形 $ABCD$ 沿对角线 AC 折成直二面角. 试求顶点 B 和 D 的距离.

4. 自平面 α 外一点 A，向平面 α 引垂线 AB 和两条斜线 AC、AD. $AC=10$ cm，$BD=5\sqrt{2}$ cm，$\angle BDC=90°$，求 $\angle ACD$.

5. 如图，$\alpha\perp\beta$，$AC\perp\beta$，$BD\perp\alpha$，$AB=2a$. AB 和平面 α、β 所成的角分别是 45°和 30°，求 CD 的长.

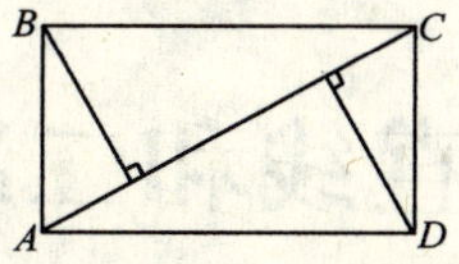

（第 3 题）

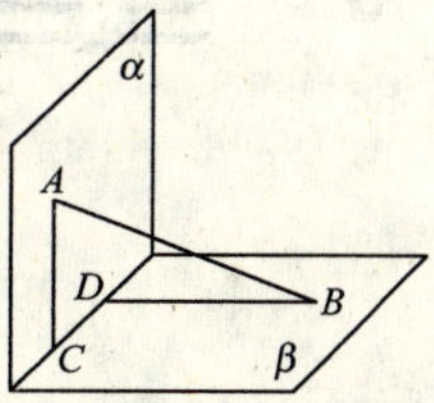

（第 5 题）

6. 把棱长分别是 3 cm、4 cm 和 5 cm 的三个正方体的铁块熔铸成一个正方体铸件，损耗忽略不计. 问这个铸件的棱长是多少？

7. 设正四棱台的高是 22 cm，两底面的边长分别是 8 cm 和 22 cm，求这个棱台的侧棱的长、侧面积和体积.（保留整数部分）

8. 如果圆柱和圆锥底的直径和高都等于球的直径. 求证：

$$\frac{V_{圆柱}}{3}=\frac{V_{球}}{2}=\frac{V_{圆锥}}{1}.$$

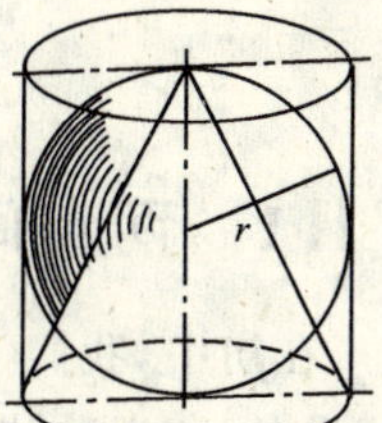

（第 8 题）

9. 以矩形 $ABCD$ 的一边 AD 为轴旋转，求对角线 AC 分成两个三角形 ABC 和 ACD 旋转后所得的两个旋转体的体积之比.

第7章

直线和二次曲线

以前，我们在研究平面图形和空间图形的概念和性质时，是以公理为基础，直接依据图形中的点、线、面间的相互关系来进行研究的. 从本章开始，我们将在坐标平面里用代数的方法来研究直线和曲线等几何问题. 本章将重点研究直线的方程及圆、椭圆、双曲线和抛物线等曲线的方程，同时应用它们解决一些实际问题.

7.1 平面内两点间的距离

7.1.1 两点间距离公式

在初中，我们学习过数轴，并知道，数轴上两点间的距离等于它们坐标之差的绝对值. 即，设 A、B 为数轴上两点，其坐标分别为 x_1，x_2，则

$$|AB|=|x_2-x_1|$$

如图 7-1 所示.

图 7-1

下面我们来求平面内任意两点间的距离.

在平面直角坐标系中，已知两点 $P_1(x_1,y_1)$，$P_2(x_2,y_2)$（图 7-2）.

从 P_1、P_2 分别向 x 轴和 y 轴作垂线 P_1M_1、P_2M_2 和 P_1N_1、P_2N_2，垂足的坐标分别为 $M_1(x_1,0)$，$M_2(x_2,0)$，$N_1(0,y_1)$，$N_2(0,y_2)$. 将直线 P_1N_1 和 P_2M_2 延长相交于 Q.

在直角三角形 P_1QP_2 中

$$|P_1P_2|^2=|P_1Q|^2+|P_2Q|^2$$

又因为

$$|P_1Q|=|M_1M_2|=|x_2-x_1|$$

$$|P_2Q|=|N_1N_2|=|y_2-y_1|$$

则

$$|P_1P_2|^2=|x_2-x_1|^2+|y_2-y_1|^2$$

由此得到两点 $P_1(x_1,y_1)$，$P_2(x_2,y_2)$之间的距离公式为

$$\boxed{|P_1P_2|=\sqrt{(x_2-x_1)^2+(y_2-y_1)^2}}$$

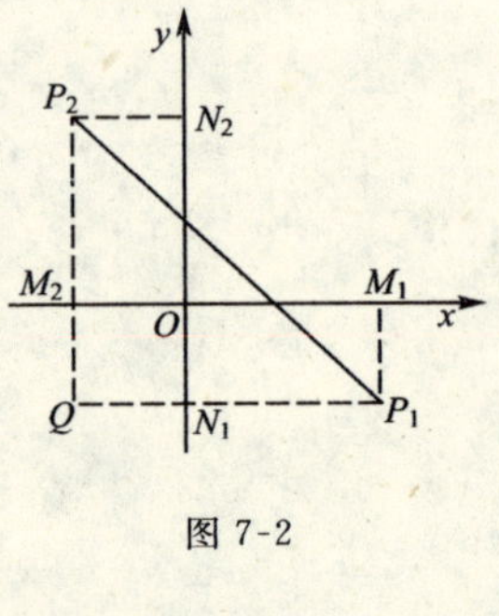

图 7-2

也就是说，坐标平面上任意两点的距离，等于它们对应坐标之差平方和的算术平方根.

特别地，平面内任意一点 $P(x,y)$ 到坐标原点 $O(0,0)$ 的距离为

$$\boxed{|OP|=\sqrt{x^2+y^2}}$$

例 7-1 求下列两点间的距离.

(1) $P_1(-2,3)$，$P_2(-4,-5)$，

(2) $A(a\cos\alpha,a\sin\alpha)$，$B(a\sin\alpha,-a\cos\alpha)$，其中 $a>0$.

解：(1)这里 $x_1=-2,x_2=-4,y_1=3,y_2=-5$，

则
$$|P_1P_2|=\sqrt{[(-2)-(-4)]^2+[3-(-5)]^2}=2\sqrt{17}$$

(2)这里 $x_1=a\cos\alpha,x_2=a\sin\alpha,y_1=a\sin\alpha,y_2=-a\cos\alpha$.

则
$$\begin{aligned}|AB|&=\sqrt{(a\cos\alpha-a\sin\alpha)^2+(a\sin\alpha+a\cos\alpha)^2}\\&=a\sqrt{2(\sin^2\alpha+\cos^2\alpha)}\\&=\sqrt{2}a\end{aligned}$$

例 7-2 今有一线段长为 13，一个端点为 $A(-4,8)$，另一端点 B 的纵坐标是 3，求端点 B 的横坐标.

解：设 B 点的坐标是 $(x,3)$，

由
$$|AB|=13,$$
得
$$(x+4)^2+(3-8)^2=13^2$$
解得
$$x_1=8,x_2=-16$$
即纵坐标为 3，并与 $A(-4,8)$ 距离为 13 的点有两个，分别为 $B_1(8,3)$，$B_2(-16,3)$.

7.1.2 线段中点坐标公式

在实际问题中，我们往往需要确定已知线段的中点坐标. 为此，我们来研究一下如何利用线段两个端点的坐标计算线段中点坐标的方法.

设线段两个端点为 $A(x_1,y_1)$，$B(x_2,y_2)$，中点 $C(x,y)$，如图 7-3 所示.

过 A、B、C 三点分别作 x 轴的垂线，垂足分别为 N_1、N_2、N，坐标分别为 $N_1(x_1,0)$，$N_2(x_2,0)$，$N(x,0)$，因为 C 为 AB 中点，根据平面几何平行线截线段成比例的定理可知，N 为线段 N_1N_2 的中点，即

$$|N_1N|=|NN_2|$$
则
$$|x-x_1|=|x_2-x|$$
即
$$x-x_1=x_2-x$$
可得
$$x=\frac{x_1+x_2}{2}$$
同理
$$y=\frac{y_1+y_2}{2}$$

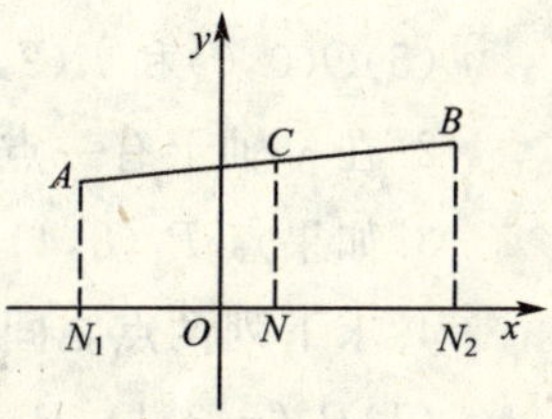

图 7-3

从而我们得到端点为 $A(x_1,y_1)$，$B(x_2,y_2)$ 的线段中点坐标 (x,y) 的表达式为

$$\boxed{x=\frac{x_1+x_2}{2},y=\frac{y_1+y_2}{2}}$$

上式叫做线段中点坐标公式.

例 7-3 有一质量均匀的细棒 AB,它的中点坐标是(5,1),端点 A 的坐标为(−1,−3),求端点 B 的坐标.

解:设 B 点坐标为 (x_2,y_2),由中点坐标公式,得

$$5=\frac{-1+x_2}{2},1=\frac{-3+y_2}{2}$$

则
$$x_2=11,y_2=5.$$

即端点 B 的坐标为(11,5).

例 7-4 证明三角形两边中点的连线平行于第三边.

证明:如图 7-4 所示,设 D、E 分别为$\triangle ABC$ 中 AC 与 BC 边的中点,以 A 为坐标原点,AB 所在直线为 x 轴,建立直角坐标系,则 A 点的坐标为(0,0),设 B 点坐标为$(x,0)$,C 点坐标为(x_2,y_2).

由线段中点坐标公式,可得 D、E 点纵坐标分别为

$$y_D=\frac{y_A+y_C}{2}=\frac{0+y_2}{2}=\frac{y_2}{2}$$

$$y_E=\frac{y_C+y_B}{2}=\frac{y_2+0}{2}=\frac{y_2}{2}$$

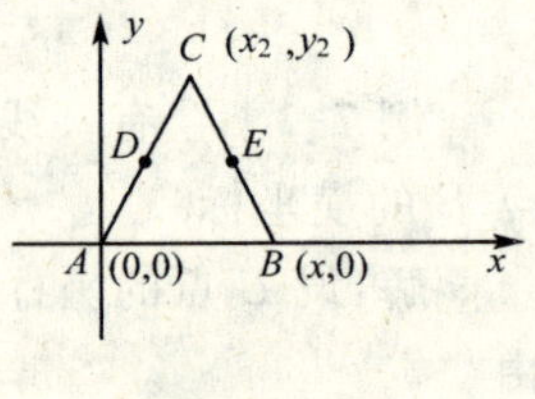

图 7-4

则
$$y_D=y_E$$

因此
$$DE/\!/AB.$$

例 7-4 是平面几何的一个定理,我们在坐标系中,用代数方法证明了它.这样的方法叫解析法.由此可以看出,平面几何的有些定理,用解析法证明是比较简便的.

习题 7.1

1. 求下列两点间的距离:

(1)$P_1(-1,0)$和$P_2(2,0)$;

(2)$P_1(0,0)$和$P_2(0,-2)$;

(3)$A(-2,0)$和$B(-4,3)$;

(4)$A(2,-5)$和$C(2,3)$;

(5)$O(0,0)$和$P(2,-3)$.

2. 在 y 轴上有一点 P,它与(4,−6)的距离是 5,求 P 点的坐标.

3. 如果点 $P_1(8,4)$与点 $P_2(5,k)$间的距离是 5,求 k 值并作图.

4. 求下列两点之间的线段中点的坐标:

(1)$P_1(-3,1)$,$P_2(2,7)$;

(2)$A\left(-\frac{3}{8},\frac{1}{4}\right)$,$B\left(-\frac{1}{2},-\frac{1}{4}\right)$.

5. 证明三角形两边中点的连线等于第三边的一半.

6. 已知$\triangle ABC$ 的顶点为 $A(2,11)$,$B(-2,3)$,$C(0,-1)$,求三条中线的长.

7.2 直线方程

7.2.1 直线的倾斜角和斜率

1. 直线的倾斜角

一条直线在坐标平面上，与 x 轴的位置关系只有相交和平行两种情况. 如果直线 l 与 x 轴相交，我们称直线 l 的向上方向与 x 轴正方向所成的量小正角 α 为直线 l 的**倾斜角**.（图 7-5）

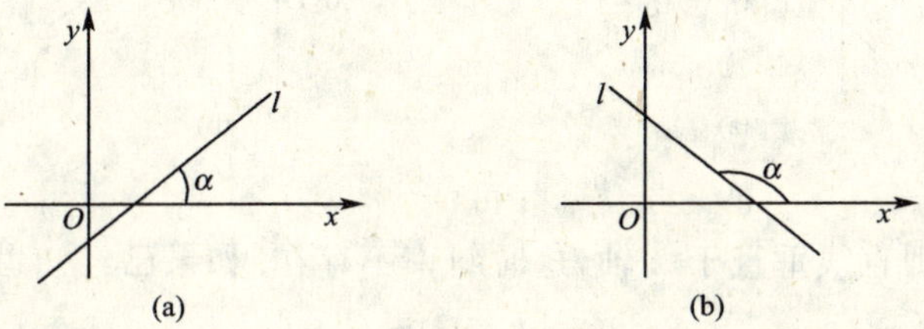

图 7-5

直线 l 的倾斜角就是 x 轴的正方向绕直线与 x 轴的交点依逆时针方向旋转到与直线第一次重合时所形成的角.

特别地，当直线与 x 轴平行（包括重合）时，我们规定它的倾斜角是 0. 因而，坐标平面内任何一条直线都有它的倾斜角，直线倾斜角 α 的取值范围是

$$0 \leqslant \alpha < \pi$$

2. 直线的斜率

直线倾斜角 α 的正切函数值，叫做**直线的斜率**，通常用 k 表示，即

$$\boxed{k = \tan\alpha}$$

根据直线倾斜角的取值范围，直线的斜率可分为下面四种情形：

(1) 当 $\alpha = 0$ 时（即直线平行于 x 轴或重合于 x 轴），$k = 0$；

(2) 当 α 为锐角时，$k > 0$；

(3) 当 α 为钝角时，$k < 0$；

(4) 当 $\alpha = \frac{\pi}{2}$ 时（即直线平行于 y 轴或重合于 y 轴），k 不存在.

设直线经过两点 $P_1(x_1, y_1)$，$P_2(x_2, y_2)$，且直线的倾斜角 α 不等于 $\frac{\pi}{2}$（即 $x_2 \neq x_1$）. 现在来求经过两点 P_1、P_2 的直线的斜率.

如图 7-6 所示，从 P_1，P_2 两点分别向 x 轴作垂线 P_1M_1，P_2M_2，再作 $P_1Q \perp P_2M_2$.

设直线 P_1P_2 的倾斜角为 α.

由图 7-6(a)可知

$$\tan\alpha = \tan\angle P_2P_1Q = \frac{|QP_2|}{|P_1Q|} = \frac{y_2 - y_1}{x_2 - x_1}$$

由图 7-6(b)可知

$$\tan\alpha = \tan(\pi - \angle P_2P_1Q) = -\tan\angle P_2P_1Q$$
$$= -\frac{|QP_2|}{|P_1Q|} = -\frac{y_2-y_1}{x_1-x_2} = \frac{y_2-y_1}{x_2-x_1}$$

所以我们得到经过 $P_1(x_1,y_1)$，$P_2(x_2,y_2)$两点的直线的斜率公式为

$$k=\frac{y_2-y_1}{x_2-x_1}\ (x_2\neq x_1)$$

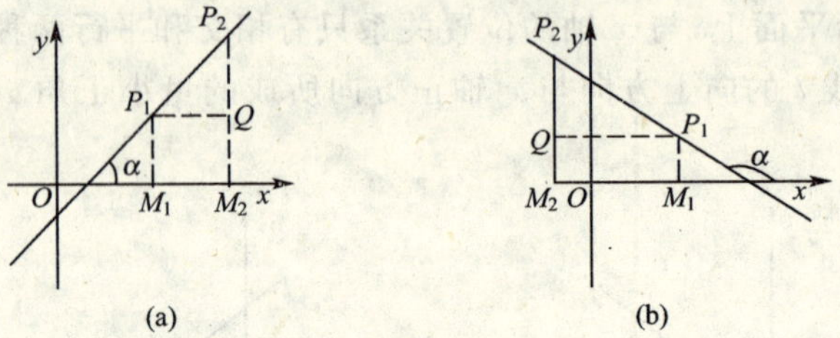

图 7-6

如果 $x_1=x_2$，则直线垂直于 x 轴，这时斜率不存在. 如果已经知道直线的斜率

$$k=\tan\alpha$$

那么可以求出这条直线的倾斜角 α，其中

$$0\leqslant\alpha<\pi$$

例 7-5　已知直线的倾斜角 $\alpha=\frac{2}{3}\pi$，求这条直线的斜率.

解：$k=\tan\frac{2}{3}\pi=\tan(\frac{\pi}{2}+\frac{\pi}{6})=-\cot\frac{\pi}{6}=-\sqrt{3}$

即所求直线的斜率为 $-\sqrt{3}$.

例 7-6　求经过(−2,0)，(−5,3)两点的直线的斜率和倾斜角.

解：$k=\frac{0-3}{(-2)-(-5)}=-1$

即　　$\tan\alpha=-1$

又由　　$0\leqslant\alpha\leqslant\pi$

得　　$\alpha=\frac{3}{4}\pi$

因此，这条直线的斜率为 −1，倾斜角为 $\frac{3}{4}\pi$.

7.2.2　直线方程的几种形式

平面内一条直线的位置，可以由不同的条件来确定，一般地，确定一条直线，需要两个相互独立的条件. 下面我们根据不同的条件来建立直线的方程.

1. 点斜式

已知直线 l 经过点 $P_0(x_0,y_0)$，且它的斜率为 k，我们来求直线的方程.

设 $P(x,y)$为直线 l 上不同于 P_0 点的任意一点(图 7-7)，那么直线 l 的斜率为：

$$k=\frac{y-y_0}{x-x_0}$$

于是得方程

$$\boxed{y-y_0=k(x-x_0)}$$

上式是由直线上的一个定点和直线的斜率确定的，所以叫做直线的**点斜式方程**.

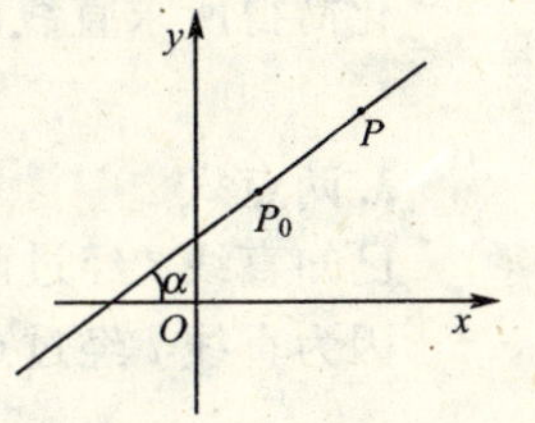

图 7-7

例 7-7　求经过点 $A(-3,\sqrt{3})$，且倾斜角为 $\frac{\pi}{6}$ 的直线的方程.

解：因为直线经过点 $A(-3,\sqrt{3})$，且斜率为

$$k=\tan\frac{\pi}{6}=\frac{\sqrt{3}}{3}$$

由直线的点斜式方程，得

$$y-\sqrt{3}=\frac{\sqrt{3}}{3}(x+3)$$

即

$$x-\sqrt{3}y+6=0$$

这就是所求直线的方程.

2. 斜截式

如果直线 l 与 x 轴交于点 $(a,0)$，与 y 轴交于点 $(0,b)$，那么 a 叫做直线 l 的**横截距**，b 叫做直线 l 的**纵截距**.

已知直线 l 的纵截距为 b，且斜率为 k，求直线 l 的方程.

因为直线 l 的纵截距为 b，即直线经过点 $B(0,b)$（图 7-8），又知它的斜率为 k，由点斜式方程得

$$y-b=k(x-0)$$

即

$$\boxed{y=kx+b}$$

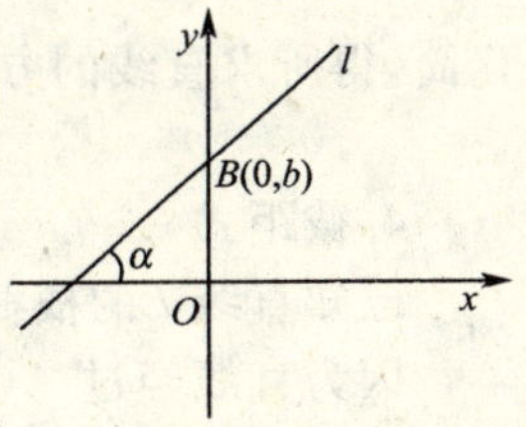

图 7-8

上式是由直线 l 的斜率和它的纵截距确定的，所以叫做直线的**斜截式方程**.

特别地，如果直线的纵截距为 b，斜率 $k=0$，则直线的方程为

$$y-b=0$$

即与 x 轴平行的直线方程为

$$\boxed{y=b}$$

当直线与 x 轴重合时，纵截距 $b=0$，斜率 $k=0$，这时直线方程为

$$\boxed{y=0}$$

称为 **x 轴的方程**.

例 7-8　求与 y 轴交于点 $B(0,-3)$，且倾斜角为 $\frac{\pi}{6}$ 的直线方程.

解：由已知条件，得

$$k=\tan\frac{\pi}{6}=\frac{\sqrt{3}}{3},b=-3$$

代入斜截式方程，得

$$y=\frac{\sqrt{3}}{3}x-3$$

化简得所求直线的方程为

$$\sqrt{3}x-3y-9=0$$

3. 两点式

已知直线 l 经过两点 $P_1(x_1,y_1)$，$P_2(x_2,y_2)$ $(x_2\neq x_1)$，求直线 l 的方程.

因为直线 l 经过点 $P_1(x_1,y_1)$，$P_2(x_2,y_2)$，并且 $x_2\neq x_1$，所以它的斜率为

$$k=\frac{y_2-y_1}{x_2-x_1}$$

再在 P_1、P_2 中任取一点，若取 $P_1(x_1,y_1)$，代入点斜式方程，得

$$y-y_1=\frac{y_2-y_1}{x_2-x_1}(x-x_1)$$

当 $y_2\neq y_1$ 时，这个方程可以改写成下面的形式：

$$\boxed{\frac{y-y_1}{y_2-y_1}=\frac{x-x_1}{x_2-x_1}}$$

上式是由直线上两点确定的，所以叫做**直线的两点式方程**.

例 7-9 求经过点(1,2)及点(−3,5)的直线方程

解：把这两点的坐标代入两点式方程，得

$$\frac{y-2}{5-2}=\frac{x-1}{-3-1}$$

化简，得所求直线的方程为

$$3x+4y-11=0$$

4. 截距式

已知直线 l 的横截距为 a，纵截距为 b，求直线 l 的方程.

因为直线经过 $A(a,0)$，$B(0,b)$ 两点，用两点式方程得

$$\frac{y-0}{b-0}=\frac{x-a}{0-a}$$

即

$$\boxed{\frac{x}{a}+\frac{y}{b}=1}$$

上式是由直线的横截距和纵截距确定的，所以叫做**直线的截距式方程**.

例 7-10 求横截距为 4，纵截距为 3 的直线方程.

解：将 $a=4$，$b=3$ 代入截距式方程得

$$\frac{x}{4}+\frac{y}{3}=1$$

化简得所求直线方程为

$$3x+4y-12=0$$

例 7-11 三角形的三个顶点是 $A(-5,0)$，$B(3,-3)$，$C(0,2)$(图 7-9)，求这个三角形的三边所在直线的方程.

解：直线 AB 经过 $A(-5,0)$，$B(3,-3)$ 两点，由两点式方程得

$$\frac{y-0}{-3-0}=\frac{x-(-5)}{3-(-5)}$$

化简得直线 AB 的方程为

$$3x+8y+15=0$$

直线 BC 的纵截距是 2，斜率 $k_{BC}=\dfrac{2-(-3)}{0-3}=-\dfrac{5}{3}$，

由斜截式方程得

$$y=-\frac{5}{3}x+2$$

化简，得直线 BC 的方程为

$$5x+3y-6=0$$

直线 AC 的纵截距为 2，横截距为 -5，由截距式方程，得

$$\frac{x}{-5}+\frac{y}{2}=1$$

化简，得直线 AC 的方程为

$$2x-5y+10=0$$

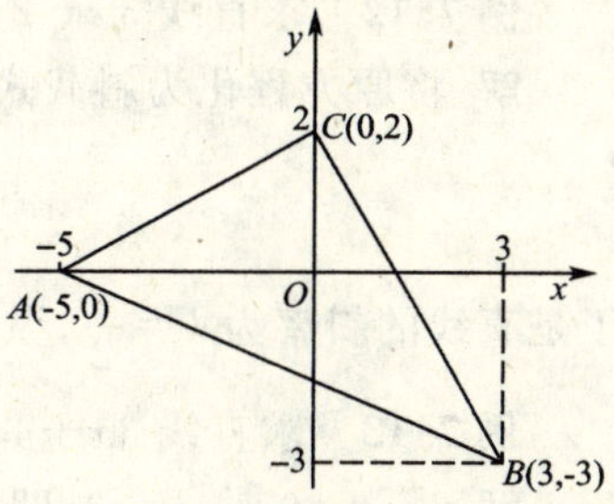

图 7-9

5. 直线的一般式方程

前面我们学习的直线方程的四种常见形式，它们都是二元一次方程. 一般地，这些二元一次方程可以写成

$$\boxed{Ax+By+C=0\ (A、B\text{ 不全为零})}$$

的形式，可以证明，任何含有 x 和 y 的二元一次方程都表示一条直线.

我们把方程 $Ax+By+C=0$（A、B 不全为零）叫做**直线的一般式方程**.

特别地，如果 $Ax+By+C=0$ 中，$B\neq0$，$A=0$，则方程化为

$$y=-\frac{C}{B}$$

表示一条平行于 x 轴，纵截距为 $-\dfrac{C}{B}$ 的直线；

如果 $B\neq0$，$A\neq0$，则方程可化为

$$y=-\frac{A}{B}x-\frac{C}{B}$$

表示一条斜率为 $-\dfrac{A}{B}$，纵截距为 $-\dfrac{C}{B}$ 的直线；

如果 $B=0$，$A\neq0$，则方程化为

$$x=-\frac{C}{A}$$

表示一条平行于 y 轴，横截距为 $-\dfrac{C}{A}$ 的直线.

因此，平行于 y 轴的直线方程为

$$\boxed{x=a}$$

当 $a=0$ 时，

$$\boxed{x=0}$$

称为 **y 轴的方程**.

例 7-12 求直线 $3x-2y-6=0$ 的斜率和纵截距.

解: 将原方程化为斜截式方程

$$y=\frac{3}{2}x-3$$

于是直线的斜率为 $k=\frac{3}{2}$,纵截距为 -3.

例 7-13 求直线 $3x+4y-12=0$ 的横截距和纵截距,并作图.

解: 当 $x=0$ 时,$y=3$,即纵截距为 $b=3$

当 $y=0$ 时,$x=4$,即横截距为 $a=4$.

过 $A(4,0)$,$B(0,3)$ 两点所得的直线,就是 $3x+4y-12=0$ 的图象(图 7-10)

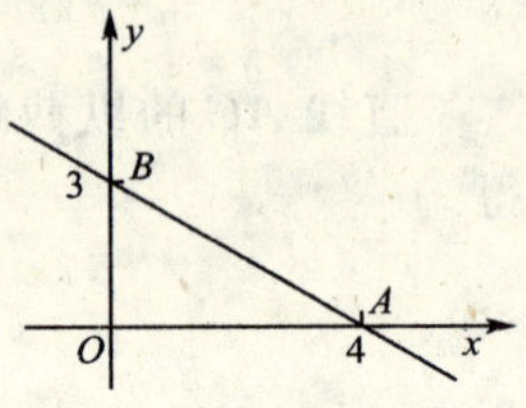

图 7-10

习题 7.2

1. 求以下每两点所确定的直线的斜率和倾斜角.

(1) $(0,-4)$,$(-\sqrt{3},-5)$; (2) $(3,0)$,$(2,\sqrt{3})$; (3) $(-3,-2)$,$(4,5)$.

2. 设直线 AB 的倾斜角等于由 $C(3,-5)$、$D(0,-9)$ 两点所确定直线的倾斜角的一半,求直线 AB 的斜率.

3. 指出下列直线的特点,并作图.

(1) $x-7=0$; (2) $y+3=0$; (3) $x+5=0$;

(4) $y-4=0$; (5) $y=0$; (6) $4x+5y=0$.

4. 求倾斜角为 $120°$,且与 y 轴交于点 $(0,5)$ 的直线的方程.

5. 求经过点 $(1,-3)$,且倾斜角为 $\arctan 2$ 的直线的方程.

6. 如果一条直线经过点 $(5,-1)$,且它的斜率等于经过 $(0,3)$ 和 $(2,0)$ 两点的直线的斜率,求该直线的方程.

7. 求与 x 轴交于点 $(3,0)$,与 y 轴交于点 $(0,-4)$ 的直线的方程.

8. 设直线 $y=kx+3$ 经过点 $M(-4,2)$,试求 k 的值.

9. 求下列直线的斜率和截距,并作图:

(1) $x+y-3=0$; (2) $2x+2y-1=0$;

(3) $3x-2y=0$; (4) $y-4=0$.

7.3 点、直线间的关系

7.3.1 两直线的夹角

两条直线相交,可以形成四个角,我们把其中不大于直角的角叫做**两条直线所成的角**,简称两条直线的**夹角**. 两条直线的夹角可以通过两条直线的斜率计算得到.

设夹角为 θ 的两条直线 l_1 和 l_2 的斜率分别为 k_1 和 k_2,则可以推出下式

$$\tan\theta=\left|\frac{k_2-k_1}{1+k_1\cdot k_2}\right| \quad (0<\theta<\frac{\pi}{2})$$

上式称为**两条直线的夹角公式**.

两条直线重合时,规定 $\theta=0$,这时 $k_1=k_2$,夹角公式仍成立.

两条直线垂直时,规定 $\theta=90°$

如果两条直线中有一条直线的斜率不存在,不妨设 l_1 的斜率 k_1 不存在,容易证明:l_1 和 l_2 的夹角

$$\theta=|90°-\alpha_2|$$

其中 α_2 为 l_2 的倾斜角.

例 7-14　求直线 $l_1:y=-2x+3$ 与 $l_2:y=x-\frac{3}{2}$ 的夹角.

解:两条直线的斜率分别为 $k_1=-2,k_2=1$,代入夹角公式,得

$$\tan\theta=\left|\frac{k_2-k_1}{1+k_1k_2}\right|=\left|\frac{1+2}{1+(-2)\cdot 1}\right|=3$$

所以夹角 $\theta=\arctan3\approx71°34'$.

7.3.2　两条直线平行

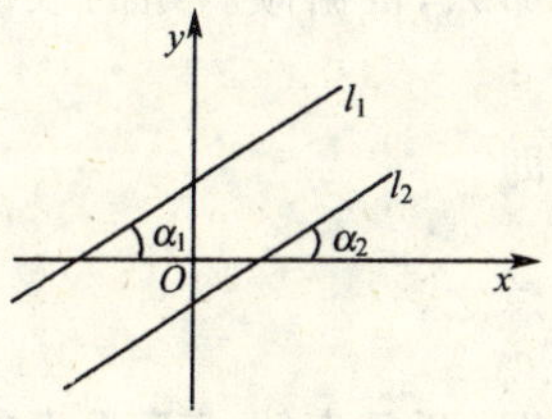

图 7-11

设两条直线 l_1 和 l_2 都不平行于 y 轴,它们的倾斜角分别为 α_1 和 α_2,斜率分别是 k_1 和 k_2. 如果 $l_1 /\!/ l_2$(图 7-11),那么

$$\alpha_1=\alpha_2$$

从而
$$\tan\alpha_1=\tan\alpha_2$$

即
$$k_1=k_2.$$

反之,如果 $k_1=k_2$,

即
$$\tan\alpha_1=\tan\alpha_2$$

根据倾斜角的取值范围,得

$$\alpha_1=\alpha_2,$$

即
$$l_1 /\!/ l_2.$$

总之,

$$\boxed{l_1 /\!/ l_2 \Leftrightarrow k_1=k_2}$$

即,两条直线平行的充要条件是它们的斜率相等.

例 7-15　求经过点(−2, 3)且与直线 $3x-5y+6=0$ 平行的直线的方程.

解:已知直线的斜率是 $\frac{3}{5}$,因为所求直线与已知直线平行,由直线平行的充要条件,可知所求直线的斜率也等于 $\frac{3}{5}$.

又因为所求直线经过点(−2,3),由点斜式方程得到所求直线的方程为

$$y-3=\frac{3}{5}(x+2)$$

即
$$3x-5y+21=0.$$

7.3.3 两条直线垂直

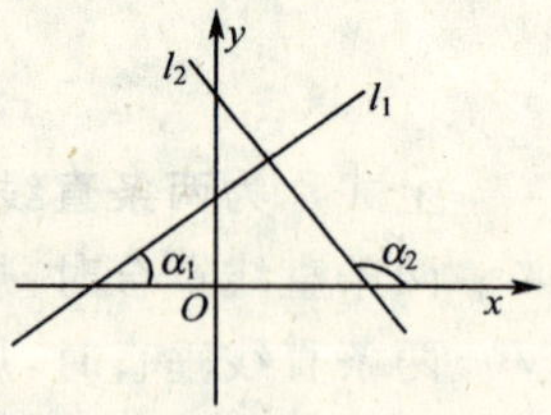

图 7-12

设两条直线 l_1 和 l_2 都不平行于 y 轴，它们的倾斜角分别为 α_1 和 α_2，斜率分别是 k_1 和 k_2. 如果 $l_1 \perp l_2$（图 7-12），那么

$$\alpha_2 = \alpha_1 + 90°$$

从而
$$\tan\alpha_2 = \tan(\alpha_1 + 90°) = -\cot\alpha_1$$

所以
$$\tan\alpha_2 = -\frac{1}{\tan\alpha_1}$$

即
$$k_2 = -\frac{1}{k_1}$$

或
$$k_1 k_2 = -1$$

反之，如果
$$k_2 = -\frac{1}{k_1}$$

即
$$\tan\alpha_2 = -\frac{1}{\tan\alpha_1} = \tan(\alpha_1 + 90°)$$

那么，根据倾斜角的取值范围，得

$$\alpha_2 = \alpha_1 + 90°$$

即
$$l_1 \perp l_2$$

总之
$$\boxed{l_1 \perp l_2 \Leftrightarrow k_2 = -\frac{1}{k_1}}$$

即，两条直线相互垂直的充要条件是它们的斜率互为负倒数.

例 7-16 求经过点(5,3)且与直线 $7x+9y+1=0$ 垂直的直线的方程.

解：已知直线的斜率是 $-\frac{7}{9}$，因为所求直线与已知直线垂直，根据直线相互垂直的充要条件，可知所求直线的斜率应等于 $\frac{9}{7}$.

又知所求直线经过点(5,3)，由点斜式方程，得

$$y-3=\frac{9}{7}(x-5)$$

即
$$9x-7y-24=0.$$

7.3.4 两直线的交点

设直线 l_1 和 l_2 的方程为：

$$l_1: A_1x+B_1y+C_1=0$$
$$l_2: A_2x+B_2y+C_2=0$$

如果 l_1 和 l_2 相交，那么交点既是 l_1 上的点，也是 l_2 上的点. 所以交点的坐标是这两条直线的方程的公共解；反之，如果某一点的坐标同时满足两条直线的方程，那么此点必是两条直线的交点. 因此，求直线 l_1 和 l_2 的交点的坐标，就是求直线 l_1 和 l_2 的方程所组成的方程组：

$$\begin{cases}A_1x+B_1y+C_1=0\\A_2x+B_2y+C_2=0\end{cases}$$

的解.

例 7-17　求下列两直线的交点：

$$l_1: x+y-1=0$$
$$l_2: 3x+2y-5=0$$

解:解方程组

$$\begin{cases}x+y-1=0\\3x+2y-5=0\end{cases}$$

得

$$\begin{cases}x=3\\y=-2\end{cases}$$

所以 l_1 和 l_2 的交点是 $M(3,-2)$(图 7-13).

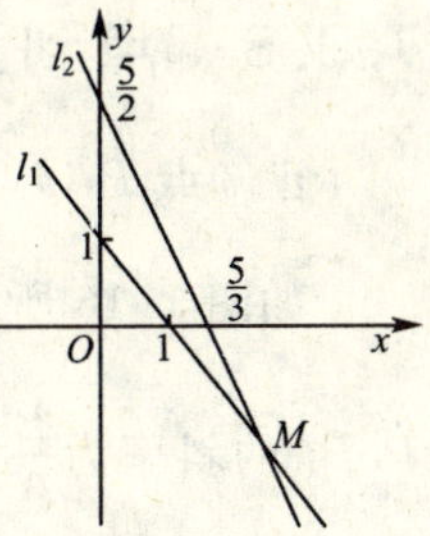

图 7-13

例 7-18　求下列两条直线的交点：

$$l_1: 3x+2y-6=0$$
$$l_2: 6x+4y-12=0$$

解:由方程组

$$\begin{cases}3x+2y-6=0\\6x+4y-12=0\end{cases}$$

容易看出，第二个方程两边都除以 2，便可以化为第一个方程，所以两个方程是同解方程，方程组有无穷多组解. 因此，两条直线有无穷多个交点，即两条直线 l_1 和 l_2 重合(图 7-14).

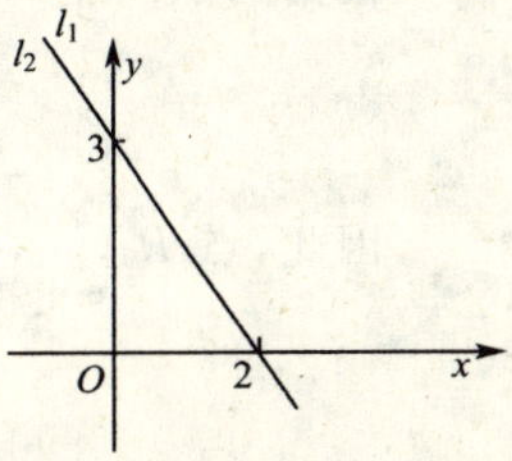

图 7-14

例 7-19　求下列两条直线的交点：

$$l_1: 3x+2y-6=0$$
$$l_2: 6x+4y+4=0$$

解:将方程组

$$\begin{cases}3x+2y-6=0\\6x+4y+4=0\end{cases}$$

的第二个方程的两边同除以 2 后，得

$$\begin{cases}3x+2y=6\\3x+2y=-2\end{cases}$$

容易看出，两个方程的左边完全相同，而右边不同，方程组无解. 因此直线 l_1 和 l_2 没有交点，即 $l_1 // l_2$(图 7-15).

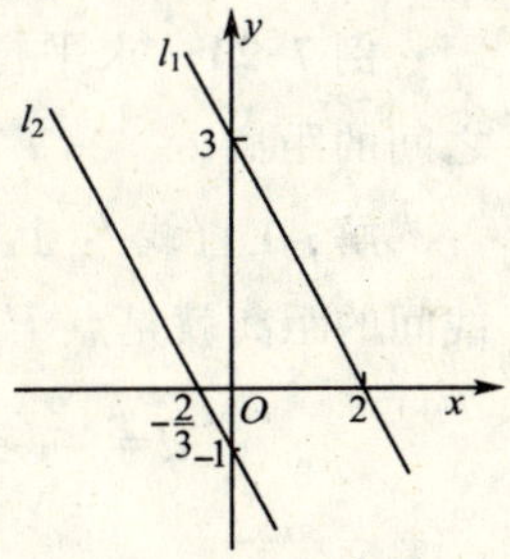

图 7-15

一般地，设两条直线方程为：

$$l_1: A_1x+B_1y+C_1=0$$
$$l_2: A_2x+B_2y+C_2=0$$

其中 A_2、B_2、C_2 不等于零.

(1)若 $\frac{A_1}{A_2}=\frac{B_1}{B_2}\neq\frac{C_1}{C_2}$，则 l_1 和 l_2 平行，没有交点；

(2)若$\frac{A_1}{A_2}=\frac{B_1}{B_2}=\frac{C_1}{C_2}$,则 l_1 和 l_2 重合,有无穷多个交点;

(3)若$\frac{A_1}{A_2}\neq\frac{B_1}{B_2}$,则 l_1 和 l_2 相交,只有一个交点.

7.3.5 点到直线的距离

已知点 $P_0(x_0,y_0)$,直线 $l:Ax+By+C=0(A\neq0$ 且 $B\neq0)$,求点 P_0 到直线 l 的距离 d.

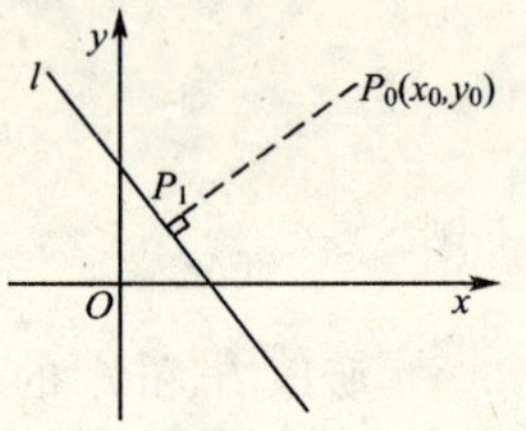

图 7-16

如图 7-16 所示,作 $P_0P_1\perp l$,因为直线 l 的斜率为$-\frac{A}{B}$,所以 P_0P_1 的斜率为$\frac{B}{A}$,又因 P_0P_1 经过点 $P_0(x_0,y_0)$,根据点斜式方程得 P_0P_1 的方程为

$$y-y_0=\frac{B}{A}(x-x_0)$$

与直线 l 的方程联立得方程组.解此方程组,得垂足 P_1 的坐标为

$$P_1\left(\frac{B^2x_0-ABy_0-AC}{A^2+B^2},\frac{-ABx_0+A^2y_0-BC}{A^2+B^2}\right).$$

根据两点间距离公式,有

$$|P_0P_1|=\frac{|Ax_0+By_0+C|}{\sqrt{A^2+B^2}}$$

因此,点 $P_0(x_0,y_0)$ 到直线 $Ax+By+C=0$ 的距离公式为

$$\boxed{d=\frac{|Ax_0+By_0+C|}{\sqrt{A^2+B^2}}}$$

如果 $A=0$ 或者 $B=0$,上述距离公式仍然成立,但这时不需要利用公式就可以直接求出距离.

例 7-20 求点 $P_0(-1,2)$到直线 $2x+y-10=0$ 的距离.

解:根据点到直线的距离公式,得

$$d=\frac{|2\times(-1)+1\times2-10|}{\sqrt{2^2+1^2}}=\frac{10}{\sqrt{5}}=2\sqrt{5}.$$

例 7-21 求平行线 $l_1:2x-7y+8=0$ 和 $l_2:2x-7y-6=0$ 之间的距离.

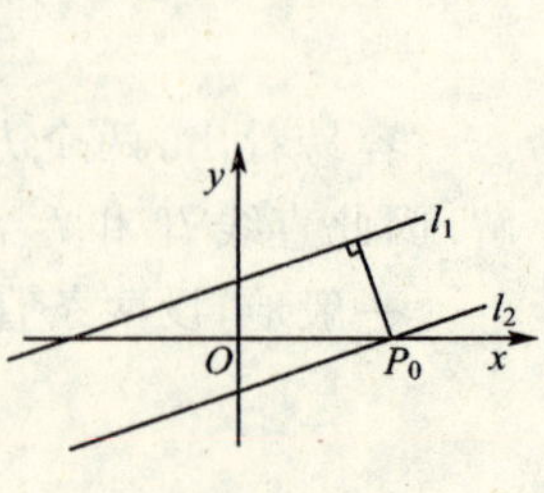

图 7-17

解:在直线 l_2 上任取一点,例如取(3,0)(图 7-17),则平行线间的距离就是点 $P_0(3,0)$到直线 $l_1:2x-7y+8=0$ 的距离,因此

$$d=\frac{|2\times3-7\times0+8|}{\sqrt{2^2+(-7)^2}}=\frac{14}{\sqrt{53}}=\frac{14}{53}\sqrt{53}.$$

习题 7.3

1. 求直线 $3x-y+6=0$ 与 $x-y+4=0$ 的夹角.
2. 求过点 $(2,-3)$ 且平行于直线 $3x-2y+2=0$ 的直线的方程.
3. 求过点 $(-1,-1)$ 且与过两点 $(-2,6)$,$(2,1)$ 的直线平行的直线的方程.
4. 求过原点且垂直于直线 $3x+4y-2=0$ 的直线的方程.
5. 求两点 $(-5,-1)$,$(-3,4)$ 连线的垂直平行线的方程.
6. 求过点 $\left(\frac{2}{3},\frac{8}{3}\right)$ 及两直线 $3x-5y-11=0$ 和 $4x+y-7=0$ 的交点的直线方程.
7. 求过直线 $3x-y+4=0$ 和 $4x-6y+3=0$ 的交点,且垂直于直线 $5x+2y+6=0$ 的直线的方程.
8. 求点 $(2,1)$ 到直线 $3x-y+7=0$ 的距离.
9. 求两条平行线 $2x+3y-8=0$ 和 $2x+3y-10=0$ 之间的距离.

7.4 曲线与方程

7.4.1 曲线与方程的概念

在平面直角坐标系中,一条直线可以用含有 x 和 y 的方程 $Ax+By+C=0$(A、B 不同时为零)来表示;对称轴平行于 y 轴的抛物线可以用含有 x 和 y 的方程 $y=ax^2+bx+c$ $(a\neq 0)$ 来表示. 现在我们来研究平面内的任意曲线与含有 x 和 y 的方程之间的关系.

通常我们把曲线看成是满足某种条件的点的轨迹(集合),而平面直角坐标系中的点又可由它的两个坐标 x 和 y 来表示(x 和 y 也称流动坐标),因此,我们可以借助于 x 和 y 间的方程来表示点满足的这种条件. 于是,曲线上任意一点的坐标都满足这个方程,不在曲线上的任何一点的坐标就不满足这个方程. 下面给出曲线与方程的定义.

定义:在平面直角坐标系中,设有一条曲线 C 和一个关于 x 和 y 的方程 $F(x,y)=0$,如果曲线 C 上的点的坐标都是方程 $F(x,y)=0$ 的解,且以方程 $F(x,y)=0$ 的解为坐标的点都在曲线 C 上,那么,方程 $F(x,y)=0$ 叫做曲线 C 的方程,曲线 C 叫做方程 $F(x,y)=0$ 的曲线.

7.4.2 由曲线求它的方程

例 7-22 设 A、B 两点的坐标分别是 $A(2,4)$ 和 $B(6,-2)$,求线段 AB 的垂直平分线 PQ 的方程,并判断点 $C(1,-1)$ 和 $D(2,2)$ 是否在 PQ 上.

解:设 $M(x,y)$ 为直线 PQ 上的任意一点(图 7-18).

据题意,有

$$|MA|=|MB|$$

根据两点间的距离公式,得

$$\sqrt{(x-2)^2+(y-4)^2}=\sqrt{(x-6)^2+(y+2)^2}$$

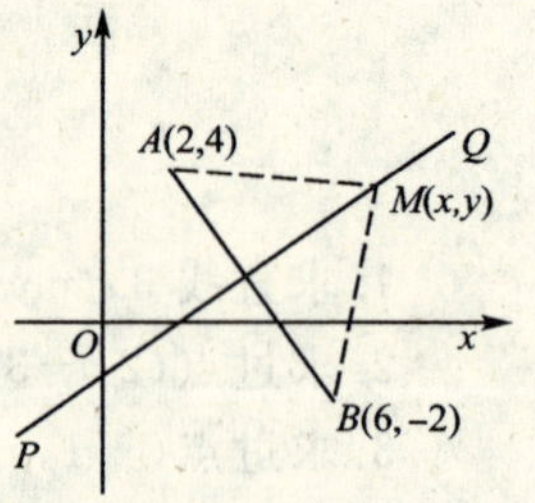

图 7-18

化简，得

$$2x-3y-5=0.$$

这个方程就是线段 AB 的垂直平分线 PQ 的方程.

将 C、D 两点的坐标分别代入方程中，得

$$2\times1-3\times(-1)-5=0$$

$$2\times2-3\times2-5\neq0$$

这说明点 $C(1,-1)$满足方程，所以点 C 在 PQ 上，而点 $D(2,2)$不满足方程，所以点 D 不在 PQ 上.

例 7-23 设动点 M 与两个定点所连的直线互相垂直，求动点 M 的轨迹的方程.

解 1: 以过 A 和 B 两定点的直线作为 x 轴，线段 AB 的垂直平分线为 y 轴，建立直角坐标系(图 7-19(a)). 若 $AB=2r$(常量)，则 A、B 两点的坐标分别为$(-r,0)$和$(r,0)$(图 7-19(a)).

图 7-19

设 $M(x,y)$为曲线上不同于 A 和 B 的任意一点.

由题意，有

$$MA\perp MB$$

根据两条直线垂直的充分必要条件，得

$$\frac{y-0}{x+r}\cdot\frac{y-0}{x-r}=-1\quad(x\neq\pm r)$$

化简，得

$$x^2+y^2=r^2\ (x\neq\pm r)$$

这个方程就是所求的轨迹方程，要注意这个轨迹的方程表示的曲线不包括 $A(-r,0)$ 和 $B(r,0)$两点.

解 2: 以过 A 和 B 两点的直线作为 x 轴，过 A 点和 x 轴垂直的直线为 y 轴，A 点为坐标原点 O，建立直角坐标系(图 7-19(b)).

设 $M(x,y)$为曲线上不与 A、B 相同的任意一点.

由题意，有

$$MA\perp MB$$

得

$$|MA|^2+|MB|^2=|AB|^2$$

根据两点间的距离公式，得

$$(\sqrt{x^2+y^2})^2+(\sqrt{(x-2r)^2+y^2})^2=(2r)^2$$

化简，得

$$x^2+y^2-2xr=0,(x\neq 0、2r)$$

这个方程就是所求的轨迹方程.

比较解法1和2，可以看出，虽然它们都是M点的轨迹方程，但是由于坐标系的选择不同，所得轨迹的方程形式也不同，有简有繁，因此在建立曲线方程时，要注意选择适当的坐标系，使曲线方程的形式比较简单.

由已知曲线求它的方程有以下的一般步骤：

(1)建立适当的直角坐标系；

(2)设$M(x,y)$为已知曲线的任意一点(即动点)；

(3)根据题中条件用等式写出动点所要适合的条件；

(4)用动点的流动坐标x和y之间的关系式表示题中条件；

(5)化简方程.

习题 7.4

1. 判定下列各曲线是否经过原点：

(1)$y=x^2-3x$；　　(2)$y=\dfrac{x}{1-x}$；　　(3)$x^2+y^2-8x+9=0$.

2. 判断点$A(-1,-1)$，$B(-2,0)$，$D(-3,2)$是否在方程$(x-2)^2+(y+3)^2=5^2$所表示的曲线上.

3. 如果点$A(x_1,-4)$是在曲线$x^2-4x-2y-5=0$上，试求点A的横坐标x_1.

4. 求适合下列条件的动点的轨迹方程：

(1)与y轴的距离等于2；

(2)与直线$x-2=0$的距离等于3；

(3)与原点的距离等于5.

5. 试求与直线$x=-3$和点$A(2,4)$等距离的点的轨迹方程.

6. 动点与点$A(2,4)$所连直线的斜率，等于它与点$B(-2,4)$所连直线的斜率加2，试求动点的轨迹方程.

7. 求到$A(-3,0)$和$B(3,0)$的距离的平方和是30的动点的轨迹方程.

8. 动点到$F_1(-3,0)$和$F_2(3,0)$的距离之和等于10，求此动点的轨迹方程.

7.5　圆

7.5.1　圆的标准方程

我们现在来求以$C(h,k)$为圆心，以r为半径的**圆的方程**.

设$M(x,y)$为圆上的任意一点(图7-20)，由题意，有

$$|MC|=r$$

根据两点间的距离公式，有

$$\sqrt{(x-h)^2+(y-k)^2}=r$$

两边平方,得

$$\boxed{(x-h)^2+(y-k)^2=r^2}$$

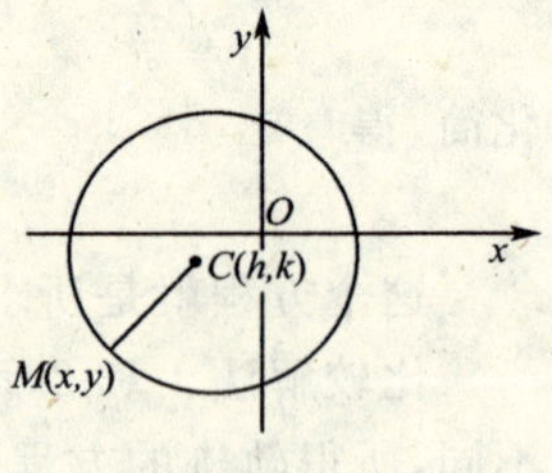

图 7-20

这个方程叫做以点 $C(h,k)$ 为圆心,r 为半径的圆的方程.

特别是当 $h=0,k=0$ 时,圆的方程为

$$\boxed{x^2+y^2=r^2}$$

我们把它叫做圆心在原点,半径为 r 的**圆的标准方程**.

7.5.2 圆的一般方程

现将以点 $C(h,k)$ 为圆心,r 为半径的圆的方程展开并整理,得

$$x^2+y^2-2hx-2ky+(h^2+k^2-r^2)=0.$$

设 $D=-2h,E=-2k,F=h^2+k^2-r^2$,则有方程

$$\boxed{x^2+y^2+Dx+Ey+F=0}$$

我们把这个方程叫做**圆的一般方程**.

圆的一般方程是关于 x 和 y 的二元二次方程,它与一般的二元二次方程

$$Ax^2+By^2+Cy^2+Dx+Ey+F=0$$

进行比较,其特点如下:

(1)x^2 和 y^2 项的系数相等,且不为零;

(2)不含 xy 项(即 xy 项的系数等于零).

将圆的一般方程配方,得

$$(x+\frac{D}{2})^2+(y+\frac{E}{2})^2=\frac{D^2+E^2-4F}{4}$$

当 $D^2+E^2-4F>0$ 时,上式表示的曲线是圆,其圆心为$(-\frac{D}{2},-\frac{E}{2})$,半径为 $r=\frac{1}{2}\sqrt{D^2+E^2-4F}$.

当 $D^2+E^2-4F\leqslant 0$ 时,在此不讨论.

例 7-24 已知两点 $A(2,0)$,$B(-4,2)$,求以线段 AB 为直径的圆的方程,并判断点 $P_1(2,2)$,$P_2(2,3)$,$P_3(2,1)$是在圆上,圆内,还是在圆外.

解:因为 AB 是直径,所以圆心 $C(h,k)$是线段 AB 的中点.

由中点坐标公式,得

$$h=\frac{2+(-4)}{2}=-1$$

$$k=\frac{0+2}{2}=1$$

圆的半径为:

$$r=|CA|=\sqrt{(2+1)^2+(0-1)^2}=\sqrt{10}$$

所求圆的方程为:

$$(x+1)^2+(y-1)^2=10$$

因为，$|CP_1|=\sqrt{(2+1)^2+(2-1)^2}=\sqrt{10}$，

所以，点 $P_1(2,2)$ 在圆上；

因为，$|CP_2|=\sqrt{(2+1)^2+(3-1)^2}=\sqrt{13}>\sqrt{10}$，

所以，点 $P_2(2,3)$ 在圆外；

因为，$|CP_3|=\sqrt{(2+1)^2+(1-1)^2}=3<\sqrt{10}$，

所以，点 $P_3(2,1)$ 在圆内.

例 7-25　判定方程 $2x^2+2y^2+4x-8y-4=0$ 所表示曲线的形状.

解：用 2 除方程的两边，得

$$x^2+y^2+2x-4y-2=0$$

进行配方，得

$$(x+1)^2+(y-2)^2=7$$

由此可知，该方程表示的曲线是以点 $C(-1,2)$ 为圆心，$r=\sqrt{7}$ 为半径的圆.

例 7-26　求经过点 $M_1(2,2)$，$M_2(5,3)$，$M_3(3,-1)$ 三点的圆的方程，并指出它的圆心和半径.

解：设过 M_1、M_2、M_3 三点的圆的方程为

$$x^2+y^2+Dx+Ey+F=0$$

因为三点都在圆上，它们的坐标都适合这个方程，把三点的坐标分别代入方程，得

$$\begin{cases}2^2+2^2+2D+2E+F=0\\5^2+3^2+5D+3E+F=0\\3^2+(-1)^2+3D-E+F=0\end{cases}$$

即

$$\begin{cases}2D+2E+F=-8\\5D+3E+F=-34\\3D-E+F=-10\end{cases}$$

解这个方程组得

$$D=-8, E=-2, F=12$$

所求圆的方程为

$$x^2+y^2-8x-2y+12=0$$

配方后，得

$$(x-4)^2+(y-1)^2=(\sqrt{5})^2$$

可知圆心为(4,1)，半径为$\sqrt{5}$.

例 7-27　一圆与横轴相切于点 $A(2,0)$，且经过点 $B(-1,3)$，求该圆的方程.

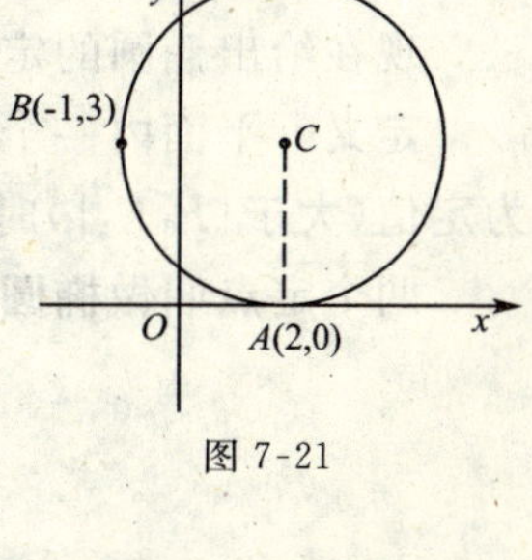

图 7-21

解：设所求圆的方程为 $(x-h)^2+(y-k)^2=r^2$. 如图 7-21 所示，则圆心为 $C(h,k)$，连接 AC，$AC\perp x$ 轴，则 $h=2$.

根据题中条件可列方程组，得

$$\begin{cases} h=2 \\ (2-h)^2+(0-k)^2=r^2 \\ (-1-h)^2+(3-k)^2=r^2 \end{cases}$$

解此方程组,得

$$h=2, k=3, r=3.$$

于是所求圆的方程为

$$(x-2)^2+(y-3)^2=9.$$

习题 7.5

1. 求下列各圆的圆心和半径,并画图.

(1) $x^2+y^2-6x=0$; (2) $x^2+y^2-2x+4y+1=0$;

(3) $2x^2+2y^2+2x-2y-5=0$.

2. 求圆心在点 $C(1,-1)$,并经过点 $A(-3,4)$ 的圆的方程.

3. 已知点 $A(-2,4)$ 和 $B(8,-2)$,求以线段 AB 为直径的圆的方程.

4. 求圆心在点 $A(3,-5)$ 且和直线 $x-7y+12=0$ 相切的圆的方程.

5. 求以直线 $3x-4y+12=0$ 在坐标轴间的线段为直径的圆的方程.

6. 求经过 $A(-1,5)$,$B(5,5)$,$C(6,-2)$ 三点的圆的方程.

7. 求经过点 $A(4,-2)$,且与两坐标轴相切的圆的方程,并作图.

8. 一直线的纵截距为 5,并与圆 $x^2+y^2=5$ 相切,求此直线的方程.

7.6 椭圆

7.6.1 椭圆的定义和标准方程

1. 椭圆的定义

在画板上取两个定义 F_1 和 F_2,再取一条长度一定(大于$|F_1F_2|$)的细绳(没有伸缩性),把它的两端分别固定在 F_1 和 F_2 处,然后用笔尖把细绳拉紧顺势移动一周,笔尖在图纸上就画出一个椭圆.(图 7-22)

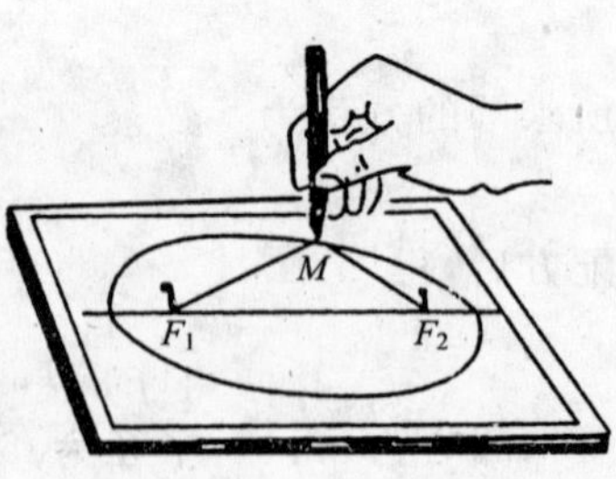

图 7-22

从上述画法中可以看出,笔尖(即动点)在移动过程中,与定点 F_1 和 F_2 的距离之和始终保持不变.

现在给出椭圆的定义:

定义 平面内一个动点到两个定点 F_1、F_2 的距离之和为定值(大于$|F_1F_2|$)时,这个动点的轨迹(集合)叫做**椭圆**.

两个定点叫做**椭圆的焦点**.

2. 椭圆的标准方程

取经过两焦点 F_1、F_2 的直线为 x 轴，线段 F_1F_2 的垂直平分线为 y 轴，建立直角坐标系，如图 7-23 所示. 设 $|F_1F_2|=2c$ $(c>0)$，则 F_1 和 F_2 的坐标分别为 $F_1(-c,0)$ 和 $F_2(c,0)$.

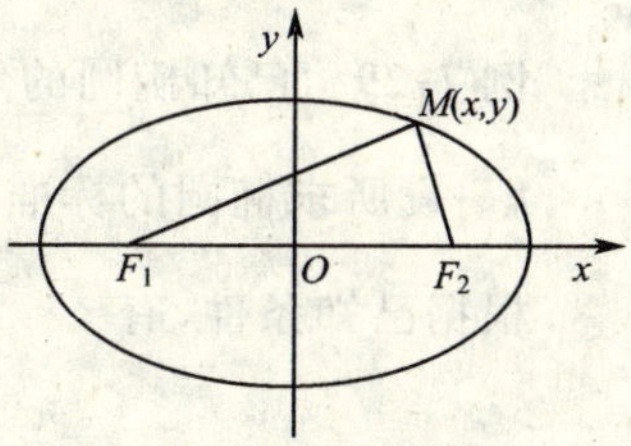

图 7-23

设 $M(x,y)$ 为椭圆上的任意一点，它到两个焦点 F_1 和 F_2 的距离之和用 $2a(a>c)$ 来表示.

根据定义，有

$$|MF_1|+|MF_2|=2a$$

即

$$\sqrt{(x+c)^2+y^2}+\sqrt{(x-c)^2+y^2}=2a$$

化简得

$$(a^2-c^2)x^2+a^2y^2=a^2(a^2-c^2)$$

因为 $a>c>0$，所以 $a^2>c^2$，即 $a^2-c^2>0$. 令 $a^2-c^2=b^2(b>0)$ 代入上式，得

$$b^2x^2+a^2y^2=a^2b^2$$

用 a^2b^2 除上式两边，得

$$\boxed{\frac{x^2}{a^2}+\frac{y^2}{b^2}=1}\quad(a>b>0)$$

这个方程称为焦点在 x 轴上的**椭圆的标准方程**.

如果取经过焦点 F_1 和 F_2 的直线为 y 轴，线段 F_1F_2 的垂直平分线为 x 轴，建立直角坐标系(图 7-24)，这时，焦点 F_1、F_2 的坐标分别是 $(0,-c)$ 和 $(0,c)$.

用同样的方法，可得椭圆的方程为

$$\boxed{\frac{x^2}{b^2}+\frac{y^2}{a^2}=1}\quad(a>b>0)$$

这个方程称为焦点在 y 轴上的**椭圆的标准方程**.

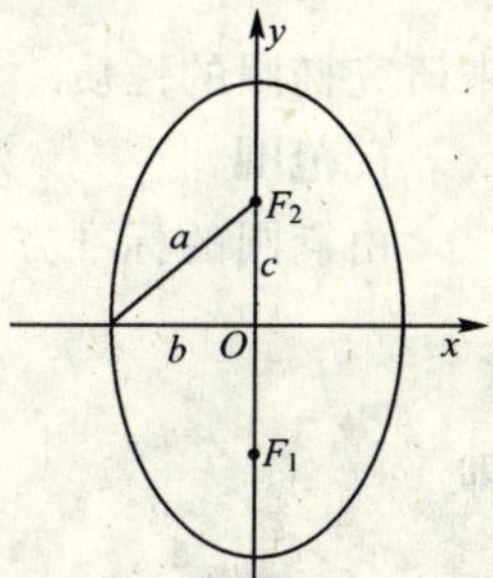

图 7-24

在上述两个椭圆的标准方程中，a、b、c 均满足 $a^2=b^2+c^2$，如图 7-24所示.

例 7-28 已知椭圆的焦点 $F_1(-3,0)$ 和 $F_2(3,0)$，$2a=10$，求椭圆的标准方程.

解：设所求椭圆的标准方程为

$$\frac{x^2}{a^2}+\frac{y^2}{b^2}=1$$

根据已知条件，有

$$\begin{cases}2a=10\\c=3\\a^2=b^2+c^2\end{cases}$$

解此方程组，得

$$a=5,c=3,b=4$$

于是所求椭圆的标准方程为

$$\frac{x^2}{5^2}+\frac{y^2}{4^2}=1.$$

例 7-29 已知椭圆的焦点 $F_1(0,-3)$，$F_2(0,3)$，$2b=8$，求该椭圆的标准方程.

解：设所求椭圆的标准方程为 $\frac{x^2}{b^2}+\frac{y^2}{a^2}=1$.

根据已知条件，有

$$\begin{cases}c=3\\2b=8\\a^2=b^2+c^2\end{cases}$$

解此方程组，得

$$a=5,b=4,c=3$$

于是所求椭圆的标准方程为

$$\frac{x^2}{4^2}+\frac{y^2}{5^2}=1.$$

7.6.2 椭圆的几何性质

根据椭圆的标准方程

$$\frac{x^2}{a^2}+\frac{y^2}{b^2}=1\ (a>b>0)$$

来研究椭圆的性质.

1. 范围

由椭圆的标准方程得

$$\left|\frac{x^2}{a^2}\right|\leqslant 1,\left|\frac{y^2}{b^2}\right|\leqslant 1$$

即

$$-a\leqslant x\leqslant a,-b\leqslant y\leqslant b$$

因此椭圆应在四条直线 $x=\pm a$，$y=\pm b$ 所围成的矩形内.(图 7-25)

2. 对称性

在标准方程中，以 $-x$ 代替 x，方程不变，说明椭圆的图形关于 y 轴对称；同理，以 $-y$ 代替 y，方程也不变，说明椭圆的图形也关于 x 轴对称. 当然，关于坐标原点也对称. 就是说，x 轴和 y 轴是椭圆的对称轴，坐标原点是它的对称中心.(图 7-25)

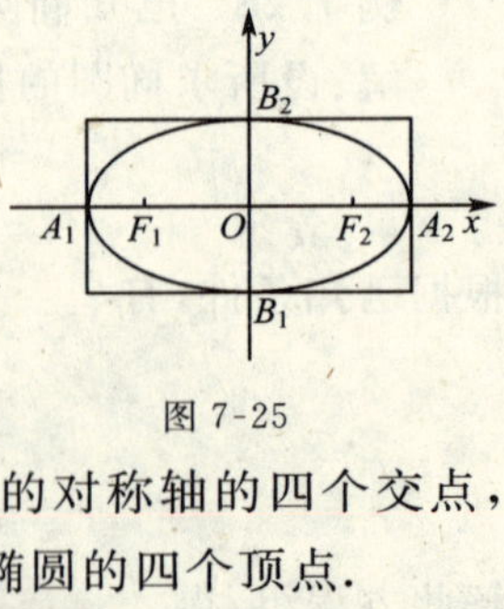

图 7-25

3. 顶点

椭圆和它的对称轴的交点，称为椭圆的顶点.

在椭圆的标准方程中，分别令 $x=0$，$y=0$，可以得到椭圆与它的对称轴的四个交点，$A_1(-a,0)$，$A_2(a,0)$，$B_1(0,-b)$，$B_2(0,b)$. 所以 A_1，A_2，B_1，B_2 是椭圆的四个顶点.

线段 $|A_1A_2|=2a$，$|B_1B_2|=2b$ 分别叫做**椭圆的长轴**和**短轴**，a 叫做**椭圆的长半轴**，b 叫做**椭圆的短半轴**.

$|F_1F_2|=2c$ 称为**椭圆的焦距**，c 叫做**椭圆的半焦距**.

椭圆的焦点一定在长轴上.

4. 离心率

椭圆形状的扁平程度与它的长半轴 a 和短半轴 b 有关系. 椭圆的短半轴 b 与长半轴 a 的比值 $\frac{b}{a}$ 越小，椭圆就越扁平. 由于 $b^2=a^2-c^2$，也可以由 $\frac{c}{a}$ 决定 $\frac{b}{a}$ 的大小. 一般地，把 $\frac{c}{a}$ 叫做椭圆的离心率，记作 e.

$$e=\frac{c}{a}$$

因为 $0\leqslant c<a$，所以 $0\leqslant e<1$，由

$$\frac{b}{a}=\sqrt{1-\left(\frac{c}{a}\right)^2}=\sqrt{1-e^2}$$

可知，当 e 越接近于 1，$\frac{b}{a}$ 就越接近于 0，椭圆就越扁平；当 e 越接近于 0，$\frac{b}{a}$ 就越接近于 1，这时 a、b 差不多大小，椭圆就越接近圆. 当 $a=b$ 时，$c=0$，$e=\frac{c}{a}=0$，这说明离心率是 0 的椭圆是圆.

例 7-30 求椭圆 $x^2+4y^2=4$ 的长半轴 a，短半轴 b，半焦距 c，顶点、焦点坐标和离心率 e.

解：把椭圆方程化为标准形式

$$\frac{x^2}{4}+\frac{y^2}{1}=1$$

这里，$a=2$，$b=1$，$c=\sqrt{4-1}=\sqrt{3}$，$e=\frac{c}{a}=\frac{\sqrt{3}}{2}$.

椭圆的长轴在 x 轴上，所以，焦点的坐标为 $(-\sqrt{3},0)$ $(\sqrt{3},0)$，四个顶点的坐标分别为 $(2,0)$，$(-2,0)$，$(0,1)$，$(0,-1)$.

例 7-31 求焦点为 $(-3,0)$，$(3,0)$，离心率为 $\frac{1}{3}$ 的椭圆方程.

解：由已知 $c=3$，$e=\frac{1}{3}$，所以 $a=\frac{c}{e}=9$，$b^2=a^2-c^2=72$.

所求椭圆的标准方程为：

$$\frac{x^2}{81}+\frac{y^2}{72}=1.$$

例 7-32 我国发射的第一颗人造地球卫星的运行轨道，是以地球的中心 F_2 为一个焦点的椭圆，近地点 B 距地球 439 公里，远地点 A 距离地球 2384 公里，地球半径 6371 公里，求卫星运行的轨道方程.

解：建立直角坐标系，如图 7-26 所示.

设所求人造地球卫星的运行轨道方程为

$$\frac{x^2}{a^2}+\frac{y^2}{b^2}=1$$

由图可以看出，焦点为 $F_1(-c,0)$ 和 $F_2(c,0)$，顶点为 $B(a,0)$ 和 $A(-a,0)$.

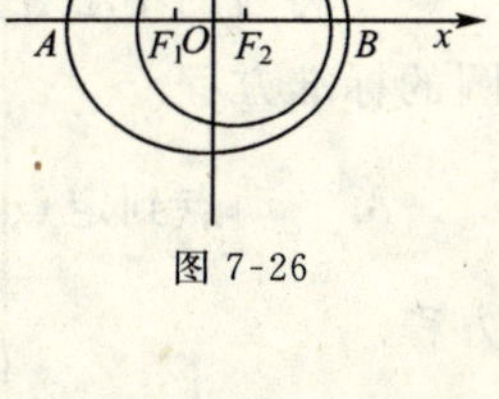

图 7-26

根据题意,有

$$a=\frac{1}{2}|AB|=\frac{1}{2}(2384+439+2\times6371)=7782.5\approx7783$$

$$c=|OB|-|F_2B|=7782.5-6371-439=972.5\approx973$$

$$b=\sqrt{a^2-c^2}=\sqrt{(7782.5)^2-(972.5)^2}\approx7721.5\approx7722$$

则所求卫星运行的轨道方程为

$$\frac{x^2}{(7783)^2}+\frac{y^2}{(7722)^2}=1.$$

5. 椭圆的画法

描绘椭圆,可以根据椭圆的标准方程用描点法画出,但这样做比较复杂.通常是结合椭圆的几何性质,作出椭圆的图形,步骤如下:

(1)将椭圆的方程化为标准形式;

(2)作出椭圆的四个顶点;

(3)适当描出椭圆在第Ⅰ象限的一些点,作出椭圆在第Ⅰ象限的图形;

(4)利用椭圆的对称性,画出椭圆.

习题 7.6

1. 求下列椭圆的长轴、短轴、离心率及焦点和顶点的坐标.

(1)$9x^2+25y^2=225$;　　(2)$3x^2+4y^2=2$;

(3)$x^2+4y^2=1$;　　(4)$2x^2+y^2=1$.

2. 椭圆的两顶点为$(\pm4,0)$,一焦点为$(2,0)$,求它的标准方程.

3. 椭圆的焦点在 y 轴上,且焦距与长半轴的和为 10,离心率是$\frac{1}{3}$,求该椭圆的标准方程.

4. 已知地球的子午线是一个椭圆,长短轴之差与长轴之比为$\frac{a-b}{a}=\frac{1}{300}$,求它的离心率.

5. 椭圆的中心在原点,一个顶点和一个焦点分别是直线 $x+3y-6=0$ 与两坐标轴的交点,求椭圆的标准方程,并作图.

6. 椭圆的中心在原点,焦点在 x 轴上,并经过 $M_1(6,4)$和 $M_2(8,-3)$,求椭圆的标准方程.

7. 椭圆的中心在原点,焦点在 y 轴上,焦距等于 8,长半轴与短半轴之和等于 8,求椭圆的标准方程.

8. 一动点到定点 $A(3,0)$的距离和它到直线 $x=12$ 的距离之比为$\frac{1}{2}$,求动点的轨迹方程.

7.7 双曲线

7.7.1 双曲线的定义和标准方程

1. 双曲线的定义

如图 7-27 所示，取一条拉链，先拉开一部分，分成两支，将一支剪短，把长的一支的端点固定在 F_1 处，短的一支的端点固定在 F_2 处，把笔尖放在 M 处，笔尖随拉链的拉开或合上，就画出一条曲线；然后，把两支的端点的位置互调一下，同样可画出另一条曲线，这两条曲线就是双曲线.

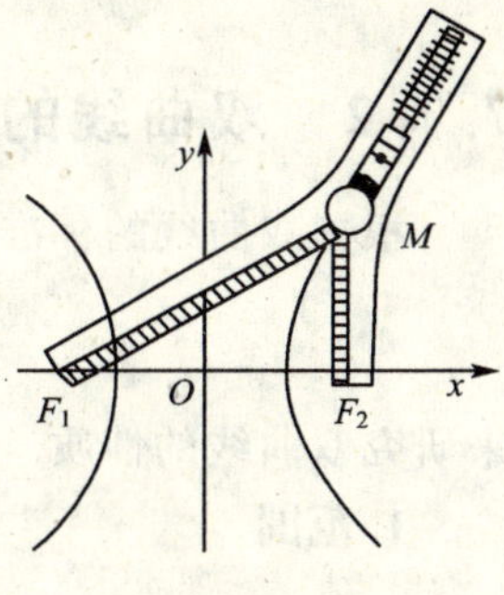

图 7-27

从画法中可以看出，笔尖(即动点)在移动过程中，与定点 F_1 和 F_2 的距离之差始终保持不变. 现给出双曲线的定义.

定义 平面内一个动点到两个定点 F_1、F_2 的距离之差的绝对值为定值(小于 $|F_1F_2|$)时，这个动点的轨迹(集合)叫做**双曲线**，两定点叫做**双曲线的焦点**.

2. 双曲线的标准方程

取经过两个焦点 F_1 和 F_2 的直线为 x 轴，线段 F_1F_2 的垂直平分线为 y 轴，交点 O 为坐标原点，建立直角坐标系(图 7-28). 设两焦点之间距离为 $2c(c>0)$，则两个焦点的坐标为 $F_1(-c,0)$、$F_2(c,0)$.

设 $M(x,y)$ 为双曲线上的任意一点，它到两个焦点 F_1 和 F_2 的距离之差的绝对值用 $2a(a>0)$ 来表示.

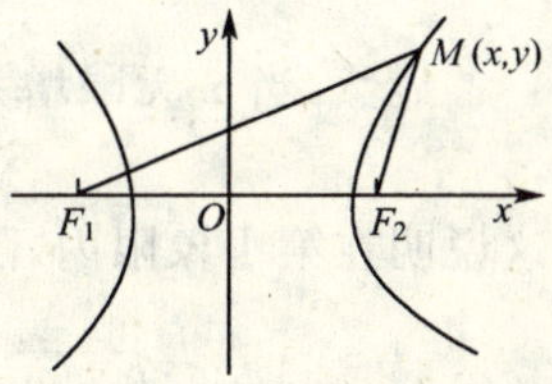

图 7-28

根据定义，有

$$|MF_1|-|MF_2|=\pm 2a$$

由两点间的距离公式，得

$$\sqrt{(x+c)^2+y^2}-\sqrt{(x-c)^2+y^2}=\pm 2a$$

化简，得

$$(c^2-a^2)x^2-a^2y^2=a^2(c^2-a^2)$$

因为 $c>a>0$，所以 $c^2-a^2>0$.

令 $c^2-a^2=b^2(b>0)$，代入上式得

$$\boxed{\frac{x^2}{a^2}-\frac{y^2}{b^2}=1}$$

上式称为焦点在 x 轴上的**双曲线的标准方程**.

如果两焦点在 y 轴上，即焦点为 $F_1(0,-c)$ 和 $F_2(0,c)$，如图 7-29 所示，完全类似地有

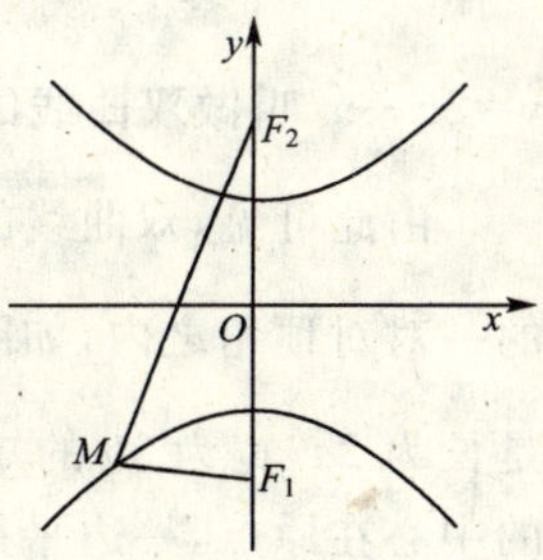

图 7-29

$$\boxed{\frac{y^2}{a^2}-\frac{x^2}{b^2}=1}$$

上式称为焦点在 y 轴上的**双曲线的标准方程**.

例 7-33 已知双曲线的焦点是 $F_1(-4,0)$ 和 $F_2(4,0)$，曲线上点到两焦点的距离之差的绝对值是 6，求这个双曲线的方程.

解：由焦点坐标知 $c=4$，又 $2a=6$，$a=3$. 所以 $b^2=c^2-a^2=16-9=7$，因此所求双曲线的标准方程是

$$\frac{x^2}{9}-\frac{y^2}{7}=1.$$

7.7.2 双曲线的几何性质

根据双曲线的标准方程

$$\frac{x^2}{a^2}-\frac{y^2}{b^2}=1$$

来研究双曲线的性质.

1. 范围

由上述标准方程可得 $\frac{x^2}{a^2}\geqslant 1$ 即 $x\geqslant a$ 或 $x\leqslant -a$.

这说明在直线 $x=-a$ 和 $x=a$ 之间的区域内，没有双曲线的点.

为了更好地了解双曲线的形状，首先讨论双曲线在第Ⅰ象限内的情形. 这时方程可写成

$$y=\frac{b}{a}\sqrt{x^2-a^2}=\frac{b}{a}x\sqrt{1-\frac{a^2}{x^2}}\quad(x\geqslant a)$$

显然，当 x 无限增大时，$\frac{a^2}{x^2}$ 无限接近 0，$\sqrt{1-\frac{a^2}{x^2}}$ 无限接近 1，也就是 y 无限接近 $\frac{b}{a}x$. 这说明在第Ⅰ象限内，随着 x 的无限增大，双曲线 $y=\frac{b}{a}x\sqrt{1-\frac{a^2}{x^2}}$ 无限接近直线 $y=\frac{b}{a}x$.

又因为 $\frac{b}{a}x\sqrt{1-\frac{a^2}{x^2}}<\frac{b}{a}x$，所以在第Ⅰ象限内双曲线总是在直线 $y=\frac{b}{a}x$ 的下方(图 7-30).

由双曲线的对称性可知，在第Ⅰ、Ⅲ象限内，当 $|x|$ 无限增大时，双曲线无限接近直线 $y=\frac{b}{a}x$；在Ⅱ、Ⅳ象限内，当 $|x|$ 无限增大时，双曲线无限接近直线 $y=-\frac{b}{a}x$，我们把直线 $y=\pm\frac{b}{a}x$ 叫做**双曲线的渐近线**.

由此可见，双曲线的图形，在两条渐近线所构成的并含 x 轴的一对对顶角之内，如图 7-30 所示. 渐近线 $y=\pm\frac{b}{a}x$ 可以看做是长为 $2a$，宽为 $2b$ 的矩形的两条对角线及其延长线，这个矩形的中心在原点，一边平行于 x 轴，一边平行于 y 轴.

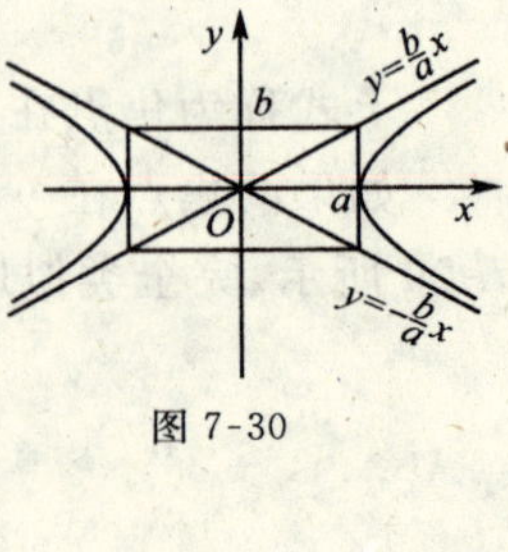

图 7-30

2. 对称性

与椭圆相同，双曲线也是关于坐标轴和原点对称的. 因此，双曲线有两条对称轴，即 x 轴、y 轴，坐标原点 O 称为双曲线的中心.

3. 顶点

在标准方程中，令 $y=0$，得 $x=\pm a$. 所以双曲线与 x 轴的交点是 $A_1(-a,0)$ 和 $A_2(a,0)$.

我们把 A_1 和 A_2 叫做**双曲线的顶点**，线段 $A_1A_2=2a$ 叫做**双曲线的实轴**，a 叫做**双曲线的实半轴**.

由焦点在 x 轴的双曲线的标准方程可知，它不与 y 轴相交，但在 y 轴上仍然取点 $B_1(0,-b)$ 和 $B_2(0,b)$，线段 $B_1B_2=2b$ 叫做**双曲线的虚轴**，b 叫做**双曲线的虚半轴**. 线段 $F_1F_2=2c$ 叫做**双曲线的焦距**，c 叫做**半焦距**.

例 7-34　求双曲线 $25x^2-4y^2=100$ 的实轴长、虚轴长、焦距、顶点和焦点坐标.

解：将双曲线方程化为标准方程

$$\frac{x^2}{4}-\frac{y^2}{25}=1$$

这是焦点在 x 轴上的双曲线，$a=2$，$b=5$，则 $c^2=a^2+b^2=4+25=29$，$c=\sqrt{29}$.

因此，实轴长 $2a=4$，虚轴长 $2b=10$，焦距 $2c=2\sqrt{29}$，顶点坐标为$(\pm 2,0)$，焦点坐标为$(\pm\sqrt{29},0)$.

4. 离心率

双曲线的焦距与实轴之比叫做**双曲线的离心率**，用 e 来表示，即 $e=\dfrac{c}{a}$.

因为 $c>a>0$，所以，$e>1$，且 $\dfrac{b}{a}=\sqrt{e^2-1}$，所以，$e$ 越大，$\dfrac{b}{a}$ 就越大，双曲线的开口就越开阔；反之，$\dfrac{b}{a}$ 越小，双曲线的开口就越扁狭. 离心率的大小刻画了双曲线开口大小的程度.

例 7-35　求双曲线 $9x^2-16y^2=144$ 的离心率、渐近线方程.

解：将所给方程化为标准方程

$$\frac{x^2}{16}-\frac{y^2}{9}=1$$

由此可知：$a=4$，$b=3$，于是 $c^2=a^2+b^2=25$，$c=5$.

因此，离心率 $e=\dfrac{c}{a}=\dfrac{5}{4}$，

渐近线方程为 $\dfrac{x^2}{16}-\dfrac{y^2}{9}=0$，即 $y=\pm\dfrac{3}{4}x$.

例 7-36　已知双曲线的离心率 $e=\dfrac{1}{3}\sqrt{10}$，虚轴长等于 6，求双曲线的标准方程.

解：由题意，双曲线的焦点可能在 x 轴上，也可能在 y 轴上，所以设双曲线的标准方程为

$$\frac{x^2}{a^2}-\frac{y^2}{b^2}=1 \text{ 或 } \frac{y^2}{a^2}-\frac{x^2}{b^2}=1$$

由已知条件,得

$$\begin{cases}\dfrac{c}{a}=\dfrac{1}{3}\sqrt{10}\\ c^2=a^2+b^2\\ b=3\end{cases}$$

得

$$\left(\frac{b}{a}\right)^2=\left(\frac{c}{a}\right)^2-1=\frac{1}{9}$$

所以

$$\frac{b}{a}=\frac{1}{3},\text{则 } a=9.$$

因此,所求双曲线的标准方程为

$$\frac{x^2}{81}-\frac{y^2}{9}=1\text{ 或}\frac{y^2}{81}-\frac{x^2}{9}=1.$$

7.7.3 等轴双曲线、双曲线的画法

1. 等轴双曲线

在双曲线的标准方程中,如果 $a=b$,那么方程变为

$$x^2-y^2=a^2$$

它的实轴和虚轴相等,这样的双曲线称为**等轴双曲线**.

类似地,$y^2-x^2=a^2$ 是焦点在 y 轴上的等轴双曲线. 可以证明,等轴双曲线的离心率 $e=\sqrt{2}$,它的两条渐近线互相垂直.

2. 双曲线的画法

根据双曲线的标准方程,结合双曲线的几何性质,用描点法画出双曲线,其步骤如下:

(1)将已知方程化为标准方程;

(2)作出由直线 $x=a,x=-a,y=b,y=-b$ 所围成的矩形. 画出它的对角线,延长即得双曲线渐近线;

(3)根据关系式 $y=\dfrac{b}{a}\sqrt{x^2-a^2}$,在第Ⅰ象限内给出满足不等式 $a\leqslant x<+\infty$ 的 x 的几个值,算出对应的 y 值,用描点法作出双曲线在第Ⅰ象限内的图形;

(4)利用双曲线的对称性和双曲线与其渐近线的位置关系画出双曲线.

例 7-37 等轴双曲线的中心在原点,一个焦点在$(-6,0)$,求它的方程和渐近线方程.

解:由已知,等轴双曲线的焦点在 x 轴上,所以设方程为

$$x^2-y^2=a^2$$

由已知,得 $c=6$,且 $c^2=2a^2=36$,所以 $a=\sqrt{18}$

则所求方程为 $x^2-y^2=18$,渐近线方程为 $x^2-y^2=0$,即 $y=\pm x$.

例 7-38 双曲线型的自然通风塔,是一个双曲线绕轴旋转成的壳体. 如图 7-31 所示,某电厂使用的双曲线型的通风塔,它的通风筒的最小半径为 12 m,上口半径为 13 m,下底半径为 25 m,高 55 m,在所给的直角坐标系中,求轴截面的双曲线方程(精确到 0.1 m).

解:设所求双曲线方程为

$$\frac{x^2}{a^2}-\frac{y^2}{b^2}=1$$

由图 7-31 可知,$a=12$.

设 B、C 两点的纵坐标分别为 y_1 和 y_2,即 $B(25,y_1)$,$C(13,y_2)$,列方程组,有

$$\begin{cases}\dfrac{25^2}{12^2}-\dfrac{y_1^2}{b^2}=1\\ \dfrac{13^2}{12^2}-\dfrac{y_2^2}{b^2}=1\\ y_2-y_1=55\end{cases}$$

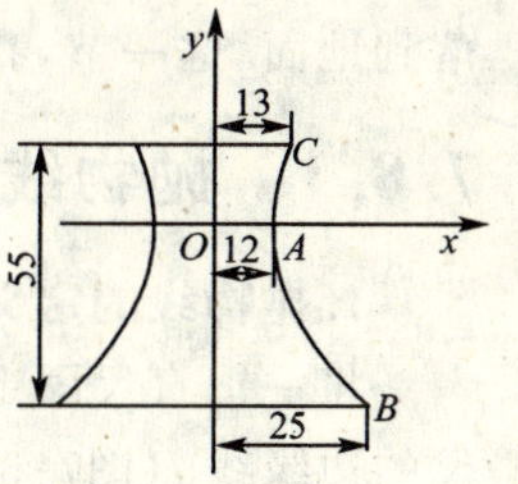

图 7-31

即

$$\begin{cases}y_1=-\dfrac{b}{12}\sqrt{25^2-12^2}=-\dfrac{b}{12}\sqrt{481}\\ y_2=\dfrac{b}{12}\sqrt{13^2-12^2}=\dfrac{5}{12}b\\ y_2-y_1=55\end{cases}$$

于是

$$\frac{5}{12}b+\frac{b}{12}\sqrt{481}=55$$

从而

$$b\approx 24.5$$

故所求轴截面的双曲线方程(近似)为

$$\frac{x^2}{12^2}-\frac{y^2}{24.5^2}=1.$$

习题 7.7

1. 求下列双曲线的实轴、虚轴,顶点和焦点的坐标、离心率和渐近线方程.

(1)$25x^2-4y^2=100$;　　(2)$x^2-2y^2=1$;　　(3)$4y^2-9x^2=36$.

2. 双曲线的实轴等于 6,两焦点为$(-4,0)$和$(4,0)$,求该双曲线的方程.

3. 双曲线的虚轴等于 12,焦距为实轴的二倍,求该双曲线的标准方程,并作图.

4. 求双曲线 $49y^2-25x^2=1225$ 的焦点和顶点坐标、实轴和虚轴长、离心率和渐近线方程,并作图.

5. 已知渐近线方程为 $y=\pm\dfrac{3}{5}x$,焦点坐标为$(\pm 2,0)$,求该双曲线的标准方程.

6. 等轴双曲线的中心在原点,实轴在 x 轴上,并经过点$(3,-1)$,求它的标准方程.

7. 双曲线的中心在原点,实轴在 x 轴上,并经过点$\left(3,\dfrac{4}{3}\right)$和$\left(\sqrt{34},-\dfrac{5}{3}\right)$,求它的标准方程.

8. 已知椭圆 $25x^2+9y^2=1$ 和双曲线有公共的焦点,它们的离心率之和是 2,求双曲线的标准方程.

9. 如图所示是校直机的双曲线滚轮的截面,试根据图示尺寸求双曲

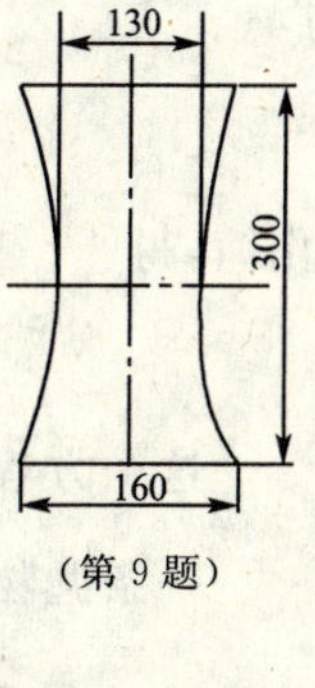

(第 9 题)

线的方程.

7.8 抛物线

抛物线是我们很熟悉的一种图形.在代数里学习过的二次函数 $y=ax^2+bx+c(a\neq 0)$,它的图像就是一条抛物线.飞机空投炸弹,如果不计空气阻力,炸弹就沿一条抛物线轨道落到地面.这一节,我们将研究抛物线的标准方程和它的几何性质.

7.8.1 抛物线的定义和标准方程

1.抛物线的定义

将一把直尺固定在画板上,用一块三角板的一条直角边紧靠着直尺的边缘线 l(图7-32),再把一条细绳(没有伸缩性)的一端固定在三角板另一条直角边上的 A 点处,截取细绳的长等于从 A 点到直线 l 的距离 $|AC|$,并且把细绳的另一端固定在画板上的点 F 处.然后用笔尖 M 紧靠着三角板 AC 边,把细绳拉紧,同时将三角板沿直尺顺势上下滑动,于是笔尖就画出一条抛物线.

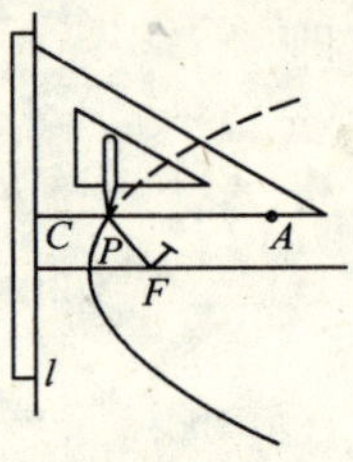

图 7-32

由画图过程可知,笔尖(即动点)在移动过程中始终保持到点 F 和直线 l 的距离相等.现给出抛物线的定义.

定义　平面内一个动点到一个定点和到一条定直线的距离相等时,这个动点的轨迹(集合)叫做抛物线.

这个定点叫**抛物线的焦点**,定直线叫做**抛物线的准线**.

2.抛物线的标准方程

取经过焦点 F 且垂直于准线 l 的直线为 x 轴,x 轴和准线 l 相交于 K 点,以线段 KF 的垂直平分线为 y 轴,建立直角坐标系(图 7-33).设 $|KF|=p$,则焦点是 $F(\frac{p}{2},0)$,准线 l 的方程为 $x=-\frac{p}{2}$.

设 $M(x,y)$ 为抛物线上的任意一点,作 $MN\perp l$,垂足为 $N(-\frac{p}{2},y)$.

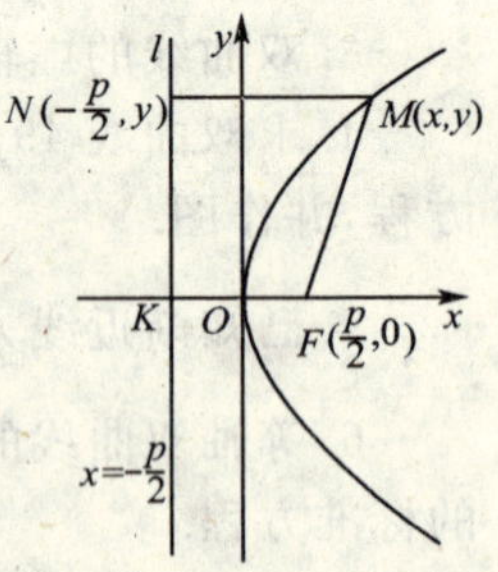

图 7-33

根据定义,有

$$|MF|=|MN|$$

由两点间的距离公式

得

$$\sqrt{(x-\frac{p}{2})^2+y^2}=\left|x+\frac{p}{2}\right|$$

化简,得

$$\boxed{y^2=2px\quad (p>0)}$$

这个方程叫做**抛物线的标准方程**,它的焦点为 $F(\frac{p}{2},0)$,准线方程为 $x=-\frac{p}{2}$.

一条抛物线,因焦点和准线的位置关系不同,建立不同的直角坐标系,抛物线的标准

方程也不同. 当抛物线的焦点在 x 轴负向时,抛物线的标准方程为

$$\boxed{y^2=-2px\ (p>0)}$$

焦点为 $F(-\frac{p}{2},0)$,准线方程为 $x=\frac{p}{2}$,如图 7-34(a)所示.

当抛物线的焦点在 y 轴正向时,抛物线的标准方程为

$$\boxed{x^2=2py\ (p>0)}$$

焦点为 $F(0,\frac{p}{2})$,准线方程为 $y=-\frac{p}{2}$,如图 7-34(b)所示.

当抛物线的焦点在 y 轴负向时,抛物线的标准方程为

$$\boxed{x^2=-2py\ (p>0)}$$

焦点为 $F(0,-\frac{p}{2})$,准线方程为 $y=\frac{p}{2}$,如图 7-34(c)所示.

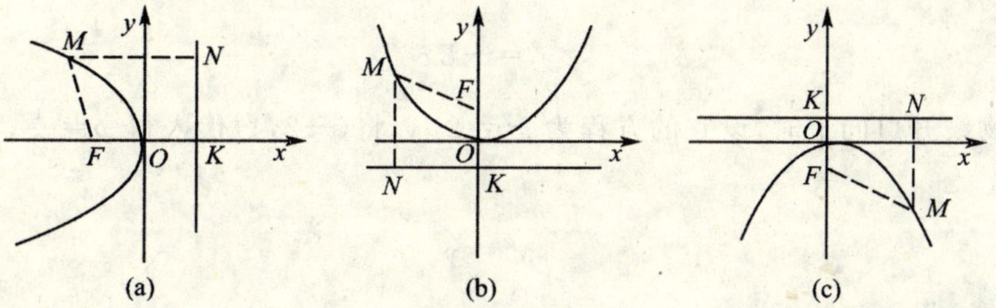

图 7-34

例 7-39 已知抛物线的焦点 $F(0,-2)$,准线方程 $y=2$,求抛物线的标准方程.

解:设所求抛物线方程为 $x^2=-2py$,因准线方程 $y=2$,即 $\frac{p}{2}=2$,$p=4$,于是有方程

$$x^2=-8y$$

即是所求的抛物线方程.

例 7-40 求抛物线 $y^2=6x$ 的焦点坐标和准线方程

解:由抛物线的标准方程 $y^2=6x$ 可知

$$p=3$$

因此,所求抛物线的焦点为 $F(\frac{3}{2},0)$,准线方程为 $x=-\frac{3}{2}$.

7.8.2 抛物线的几何性质

1. 范围

由抛物线方程 $y^2=2px(p>0)$ 可知 $x\geqslant 0$ 时,y 值才有意义,因此抛物线的图形在 y 轴的右侧. 当 x 增大时,$|y|$ 也增大,因此抛物线向右上方和右下方无限延伸,抛物线的开口向右.

2. 对称性

由抛物线方程 $y^2=2px(p>0)$,不难看出 x 是 y 的偶函数,所以抛物线关于 x 轴对

称，x 轴就是抛物线的对称轴.

3. 顶点

在抛物线方程 $y^2=2px(p>0)$ 中，令 $x=0$，得 $y=0$. 由此可见，抛物线经过原点，原点 O 是抛物线与对称轴的交点，称它为**抛物线的顶点**.

通过类似的讨论，我们可以得出：

抛物线 $y^2=-2px(p>0)$ 的顶点在原点，对称轴是 x 轴，开口向左.

抛物线 $x^2=2py(p>0)$ 的顶点在原点，对称轴是 y 轴，开口向上.

抛物线 $x^2=-2py(p>0)$ 的顶点在原点，对称轴是 y 轴，开口向下.

例 7-41 求顶点在原点，对称轴重合于坐标轴，并且经过点$(-2,4)$的抛物线的标准方程.

解：因为$(-2,4)$在第Ⅱ象限，所以抛物线可能开口向左，也可能开口向上.

当抛物线开口向左时，设它的方程为 $y^2=-2px$，将$(-2,4)$代入得 $p=4$，则所求方程为：

$$y^2=-8x$$

当抛物线开口向上时，设它的方程为 $x^2=2py$，将$(-2,4)$代入得 $p=\frac{1}{2}$，则所求方程为：

$$x^2=y$$

7.8.3 抛物线的画法

抛物线的画法如下：

(1)将所给方程化为标准方程；

(2)判定抛物线的开口方向和对称轴；

(3)根据所给方程算出几组 x、y 的对应值，并列表；

(4)根据表中数据描点，并利用抛物线的对称性画出全部图形.

例 7-42 画出抛物线 $2x-y^2=0$，并写出焦点坐标和准线方程.

解：化方程 $2x-y^2=0$ 为标准方程

$$y^2=2x$$

由此方程可知，抛物线的顶点是坐标原点，对称轴是 x 轴，开口向右. 因此，在第Ⅰ象限取几组 x，y 值，列表如下.

x	0	$\frac{1}{2}$	1	2	…
y	0	1	$\sqrt{2}$	2	…

描点连线，画出其在第Ⅰ象限内的图形，然后利用抛物线关于 x 轴的对称性，画出抛物线的全部图形，如图 7-35 所示.

又因为 $2p=2$，所以，$p=1$，则所求抛物线的焦点坐标是$(\frac{1}{2},0)$，准线方程是 $x=-\frac{1}{2}$.

例 7-43 汽车前灯的反射镜面是旋转抛物面，已知灯口直径为 20 cm，深度为 10 cm

(图 7-36)，问灯泡应装在什么位置？

解：由物理学可知灯泡应装在抛物线的焦点处，为此建立直角坐标系，如图 7-36 所示.

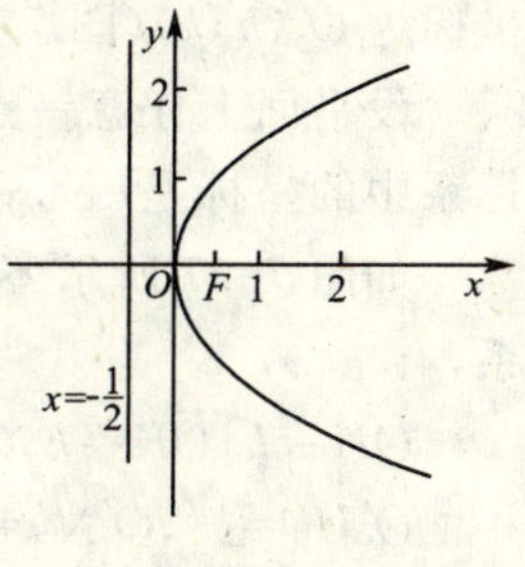

图 7-35

设轴截面抛物线方程为

$$y^2=2px$$

由图可知，抛物线上的点 A 的坐标是 $A(10,10)$，代入方程，得

$$10^2=2\times p\times 10$$

得

$$p=5.$$

因此，抛物线焦点的坐标为 $F(\frac{5}{2},0)$，即灯泡应装在离灯底 2.5 cm 处.

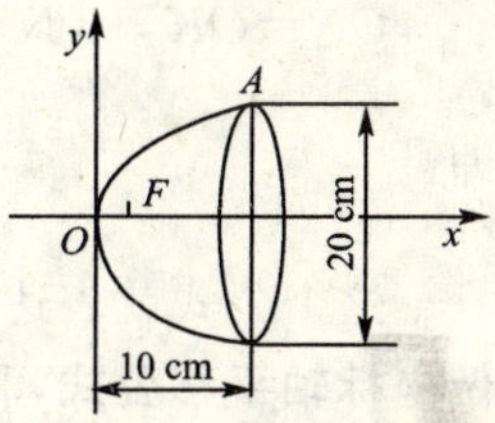

图 7-36

习题 7.8

1. 根据下列已知条件，求抛物线的标准方程.

(1)对称轴重合于 x 轴，顶点在原点，并且焦点为$(6,0)$；

(2)对称轴重合于 x 轴，顶点在原点，并且经过点$(-2,4)$；

(3)对称轴重合于 y 轴，顶点在原点，并且经过点$(6,3)$；

(4)对称轴重合于 y 轴，顶点在原点，并且经过点$(-6,-3)$；

(5)顶点在原点，准线方程为 $x=3$；

(6)焦点为 $F(0,\frac{1}{2})$，准线方程为 $y=-\frac{1}{2}$.

2. 作下列抛物线的图形，并写出顶点和焦点的坐标，对称轴和准线的方程.

(1)$x^2-y=0$；　　(2)$2x^2+3y=0$；

(3)$y^2+3x=0$；　　(4)$4x-y^2=0$.

3. 有一拱桥呈抛物线形状，其跨度为 24 m，拱高为 6 m，求拱桥的曲线方程.

4. 在抛物线 $y^2=4x$ 上求一点 M，使它到焦点的距离等于 10.

5. 抛物线的顶点是双曲线 $16x^2-9y^2=144$ 的中心，而焦点是双曲线的左顶点，求抛物线的方程.

7.9 坐标轴的平移*

在由已知曲线求它的方程的过程中，容易发现选取不同的坐标系，相同的曲线，对应的方程形式却不相同. 如果方程的形式简单，自然讨论方便. 为此，在科学研究中，常利用坐标轴位置的平移来简化曲线方程.

7.9.1 坐标轴平移公式

在平面直角坐标系 xOy 上，建立新的直角坐标系 $x'O'y'$，使得新坐标系的坐标轴的方向和长度单位与原坐标系相同. 并设新坐标系 $x'O'y'$ 的坐标原点 O'，在原坐标系里的

坐标为 $O'(h,k)$(图 7-37).

设平面上任意一点 M 在原坐标系中坐标是(x,y),而在新坐标系中的坐标是(x',y').

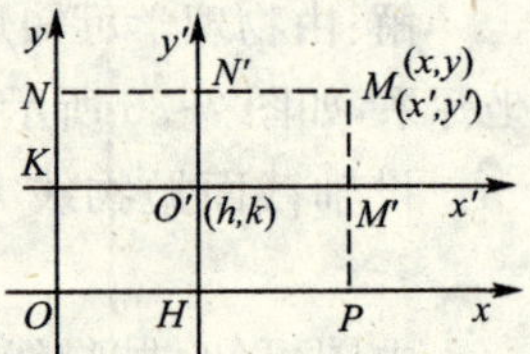

图 7-37

如图 7-37 所示不难看出,新坐标系与原坐标系间的坐标关系,有

$OH=h,OK=k,OP=x,ON=y$

$O'M'=x',O'N'=y'$

$OM=OH+HP=OH+O'M'=x'+h$

$ON=OK+KN=OK+O'N'=y'+k$

即 $$\boxed{\begin{aligned}x&=x'+h\\y&=y'+k\end{aligned}}$$

这个公式就表达了同一个点关于原坐标系和新坐标系的坐标间的关系,这个公式叫做**坐标轴平移公式**,利用它可以变换点的坐标和变化方程的形式.

7.9.2 平移公式的应用

1. 变换点的坐标

已知新坐标系坐标原点 O' 在原坐标系的坐标为 $O'(h,k)$,由原坐标系点的坐标,求该点在新坐标系下的坐标.

例 7-44 平移坐标轴以 $O'(3,4)$为新原点,求点 $A(-2,2)$在新坐标系下的坐标.

解:由坐标轴平移公式,得

$$x'=x-h=-2-3=-5$$

$$y'=y-k=2-4=-2$$

所以点 A 在新坐标系下的坐标是$(-5,-2)$.

2. 利用坐标轴平移公式化简方程

(1)公式法

例 7-45 利用坐标轴平移公式化简二次方程 $x^2+4y^2-2x-16y+1=0$,并作图.

解:将平移公式 $x=x'+h,y=y'+k$ 代入所给方程中,有

$$(x'+h)^2+4(y'+k)^2-2(x'+h)-16(y'+k)+1=0$$

整理后,得

$$x'^2+4y'^2+(2h-2)x'+(8k-16)y'+h^2+4k^2-2h-16k+1=0$$

为了化成标准方程,须消去一次项,所以,令 x'、y'项的系数为零.

即 $$\begin{cases}2h-2=0\\8k-16=0\end{cases}$$

解得 $$h=1,k=2.$$

代入上式方程,有

$$x'^2+4y'^2-16=0$$

即 $$\frac{x'^2}{4^2}+\frac{y'^2}{2^2}=1$$

这就是说，把原点平移到 $O'(1,2)$ 时，所给方程就化为椭圆的标准方程(图 7-38).

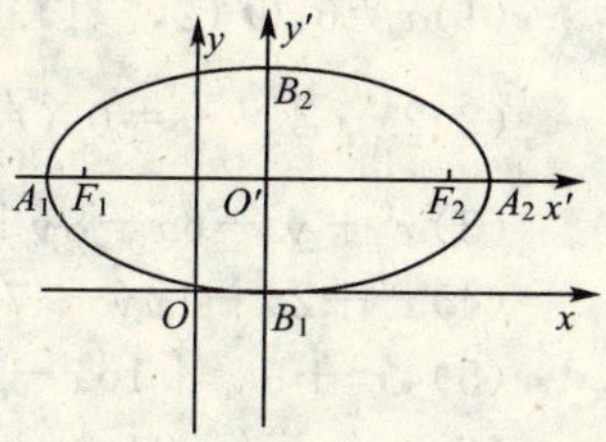

图 7-38

(2)配方法

例 7-46 化简二次方程 $x^2+4y^2-2x-16y+1=0$.

解：将方程按 x,y 进行配方，有

$$x^2-2x+1+4y^2-16y+16-16=0$$

$$(x-1)^2+4(y-2)^2=16$$

即

$$\frac{(x-1)^2}{4^2}+\frac{(y-2)^2}{2^2}=1$$

如果令 $x-1=x'$，$y-2=y'$，得

$$\frac{x'^2}{4^2}+\frac{y'^2}{2^2}=1$$

这是一个新坐标系下椭圆的标准方程，新坐标系坐标原点为 $O'(1,2)$.

7.9.3 椭圆、双曲线及抛物线的方程

通过配方的方法，可以将圆、椭圆、双曲线和抛物线的一般方程分别化成下面的形式.

1. 椭圆方程

$\frac{(x-h)^2}{a^2}+\frac{(y-k)^2}{b^2}=1$ 或 $\frac{(x-h)^2}{b^2}+\frac{(y-k)^2}{a^2}=1$ 的图像是椭圆，它的中心为点 $O'(h,k)$，对称轴为直线 $x=h$，$y=k$.

当 $a=b=r$ 时，方程表示中心在 $O'(h,k)$，半径为 r 的圆，即

$$(x-h)^2+(y-k)^2=r^2$$

2. 双曲线方程

$\frac{(x-h)^2}{a^2}-\frac{(y-k)^2}{b^2}=1$ 或 $\frac{(y-k)^2}{a^2}-\frac{(x-h)^2}{b^2}=1$ 的图像是双曲线，它的中心为点 $O'(h,k)$，对称轴为直线 $x=h$，$y=k$.

3. 抛物线方程

$(y-k)^2=\pm 2p(x-h)$ 的图像是抛物线，它的顶点在点 $O'(h,k)$，对称轴为直线 $y=k$；

$(x-h)^2=\pm 2p(y-k)$ 的图像是抛物线，它的顶点在点 $O'(h,k)$，对称轴为直线 $x=h$.

在以上的方程中，利用坐标轴平移公式，有

$$x'=x-h,\ y'=y-k$$

把原点平移到 $O'(h,k)$，这时，椭圆、双曲线及抛物线的方程可化成新坐标系下的标准方程.

由于圆、椭圆、双曲线和抛物线的方程都是含有 x 和 y 的二次方程，所以它们又称为二次曲线.

习题 7.9

1. 平移坐标轴，使原点移到 O'，求下列各方程在新坐标系下方程，并作图.

(1)$x=6$,$O'(2,-1)$.

(2)$2x+4y-3=0$,$O'(\frac{3}{2},0)$.

(3)$x^2+y^2-6x-8y+9=0$,$O'(3,4)$

(4)$x^2+2x-12y-47=0$,$O'(-1,-4)$.

(5)$4x^2+9y^2+16x-18y-11=0$,$O'(-2,1)$.

(6)$4x^2-y^2-24x+16y=0$,$O'(3,8)$.

2.利用平移公式化简下列方程,并作图.

(1)$y^2+6y-8x+17=0$

(2)$x^2-4y^2-4x-24y-16=0$

3.利用配方法化下列方程为标准方程,并指出曲线的类型.

(1)$4x^2+9y^2+8x-36y+4=0$

(2)$9x^2-4y^2-54x-32y-19=0$

(3)$x^2-8x-16y+32=0$

7.10 极坐标

前面我们已经讨论了利用直角坐标系来确定平面上点的位置和一些曲线的方程,但在某些具体问题中这并不方便.例如,雷达兵在报告雷达发现的飞机的位置时,只需指出飞机的方向和距离.像这种利用方向和距离来确定平面上点的位置的坐标系就是极坐标系.本节介绍极坐标系的概念和曲线的极坐标方程.

7.10.1 极坐标的概念

1.平面上点的极坐标

在平面上取定点O,从O引一条射线Ox,再确定一个单位长度和计算角度的正方向(选逆时针为正向),这样就确定了一个极坐标系.定点O叫做**极点**,射线Ox叫做**极轴**(图7-39).

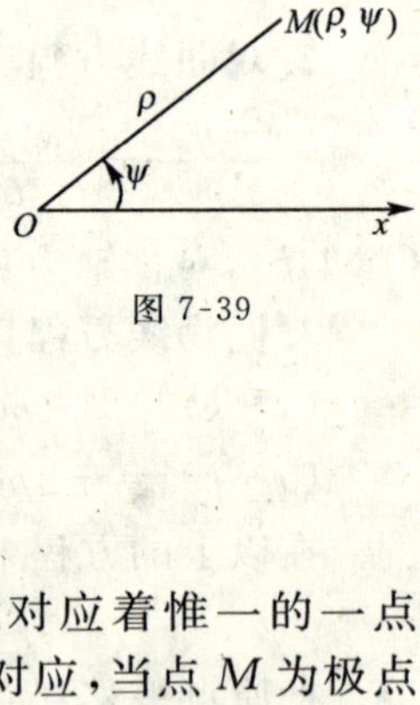

图7-39

设M为平面内任一点,连结OM,令$OM=\rho$,φ表示从Ox到OM的角度.ρ叫做点M的极径,φ叫做点M的极角,有序实数对(ρ,φ),叫做点M的极坐标,记作$M(\rho,\varphi)$.今后我们把已经建立了极坐标系的平面叫做**极坐标平面**.

由上面的定义,对点M的极坐标(ρ,φ)的数值给出以下限制.

$$\rho\geqslant 0,0\leqslant\varphi\leqslant 2\pi.$$

在这样的情况下,任意给定一对实数(ρ,φ),在极坐标平面上就对应着惟一的一点M;反之,平面上除极点O以外的任意点M,必有一对实数(ρ,φ)与它对应,当点M为极点时,也就是点M与极点重合,即$\rho=0$时,角φ的值可以任意取.也就是说,平面上的点M(M为极点除外)与实数对(ρ,φ)之间具有一一对应关系.

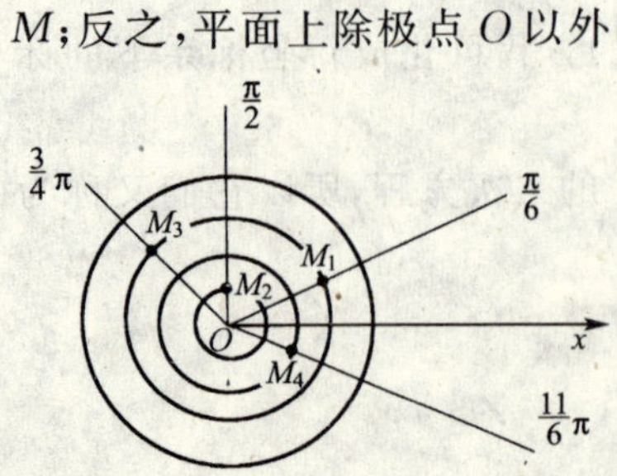

图7-40

例如:点$M_1(3,\frac{\pi}{6})$,$M_2(1,\frac{\pi}{2})$,$M_3(3,\frac{3}{4}\pi)$和$M_4(2,\frac{11}{6}\pi)$在极坐标系中的位置如图7-40所示.有时根据实际需要ρ和φ也可以取负值.

2. 极坐标与直角坐标的互化

有时为了研究问题的方便起见，需要把直角坐标变换成极坐标，或者把极坐标变换成直角坐标. 所以，我们要研究这两种坐标的互化.

如图 7-41 所示，将直角坐标系的原点作为极点，Ox 轴的正半轴作为极轴，并在两种坐标系中取相同的单位长度.

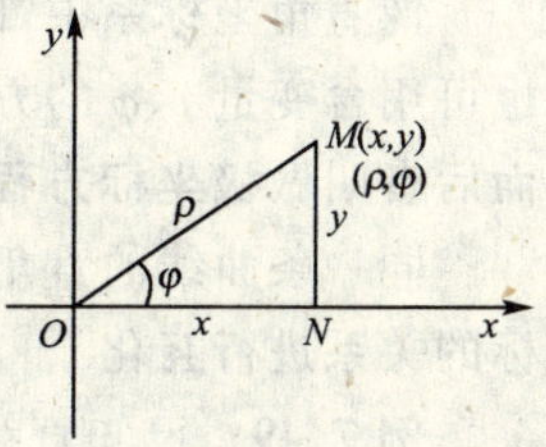

图 7-41

设平面上任意点 M，它的直角坐标是(x,y)，极坐标是(ρ,φ). 作 $MN\perp Ox$，由三角函数的定义可得

$$\boxed{\begin{aligned}x&=\rho\cos\varphi\\ y&=\rho\sin\varphi\end{aligned}}$$

利用此公式，可以把点 M 的极坐标化为直角坐标.

例 7-47　设 M 点的极坐标为$(2,\frac{2\pi}{3})$，求它的直角坐标.

解:由公式，可得

$$x=2\cos\frac{2\pi}{3}=-1$$

$$y=2\sin\frac{2\pi}{3}=\sqrt{3}$$

因此点 M 的直角坐标为$(-1,\sqrt{3})$.

如果把上面公式变形后，得

$$\boxed{\begin{aligned}&\rho=\sqrt{x^2+y^2}\\ &\tan\varphi=\frac{y}{x}\ (x\neq 0)\end{aligned}}$$

例 7-48　设点 M 的直角坐标为$(\sqrt{3},-1)$，求它的极坐标.

解:由公式，可得

$$\rho=\sqrt{x^2+y^2}=\sqrt{(\sqrt{3})^2+(-1)^2}=2$$

$$\tan\varphi=\frac{y}{x}=\frac{-1}{\sqrt{3}}=-\frac{\sqrt{3}}{3}$$

由于点 $M(\sqrt{3},-1)$在第Ⅳ象限，所以，有

$$\varphi=2\pi-\frac{\pi}{6}=\frac{11\pi}{6}$$

因此点 M 的极坐标为$(2,\frac{11}{6}\pi)$.

利用上面的两个公式可以把点 M 的直角坐标与极坐标互化，但为了使点 M(除极点外)的极坐标惟一确定，一般可取 $\rho>0$，$0\leqslant\varphi\leqslant 2\pi$. 由 $\tan\varphi$ 来求 φ 时，应根据点 M 所在象限来决定.

7.10.2 曲线的极坐标方程

1. 曲线的极坐标方程的概念

像直角坐标系中,曲线可以用含有变量 x 和 y 的方程表示一样,在极坐标系中曲线也可用含变量 ρ、φ 的方程来表示. 为了区别这两种方程,我们将前者叫做**直角坐标方程**,而后者叫做**极坐标方程**.

同一条曲线的直角坐标方程与极坐标方程,可以根据前面学的点的直角坐标与极坐标的关系进行互化.

例 7-49 已知直线在直角坐标系中的方程为 $3x+2y-5=0$,若以原点为极点,Ox 轴的正半轴为极轴,求该直线的极坐标方程.

解: 把 $x=\rho\cos\varphi, y=\sin\varphi$ 代入已知方程,得

$$\rho(3\cos\varphi+2\sin\varphi)-5=0$$

$$\rho=\frac{5}{3\cos\varphi+2\sin\varphi}$$

这就是直线 $3x+2y-5=0$ 的极坐标方程.

例 7-50 将圆 $x^2+y^2-2ax=0(a>0)$ 化为极坐标方程.

解: 把 $x=\rho\cos\varphi, y=\sin\varphi$ 代入已知方程,得

$$\rho^2\cos^2\varphi+\rho^2\sin^2\varphi-2a\rho\cos\varphi=0$$

$$\rho^2(\cos^2\varphi+\sin^2\varphi)-2a\rho\cdot\cos\varphi=0$$

$$\rho(\rho-2a\cos\varphi)=0$$

即

$$\rho=0 \text{ 或 } \rho=2a\cos\varphi$$

但 $\rho=0$ 表示极点,而 $\rho=2a\cos\varphi$ 所表示的曲线也经过极点,就是说,方程 $\rho=2a\cos\varphi$ 包括了方程 $\rho=0$ 的情况,因此所求圆的极坐标方程为

$$\rho=2a\cos\varphi$$

例 7-51 将 $\rho=2a\sin\varphi(a>0)$ 化为直角坐标方程.

解: 将方程 $\rho=2a\sin\varphi$ 的两边乘以 ρ,得

$$\rho^2=2a\rho\sin\varphi$$

因为 $\rho^2=x^2+y^2, y=\rho\sin\varphi$,代入上式得

$$x^2+y^2=2ay$$

即

$$x^2+(y-a)^2=a^2$$

为所求的直角坐标方程.

2. 极坐标方程的作图

极坐标方程作图与直角坐标方程作图一样,其基本方法为描点法.

例 7-52 作下列极坐标方程的图像.

(1) $\rho=2$;

(2) $\varphi=\dfrac{\pi}{2}$.

解: (1) 对于方程 $\rho=2$,可以看出,当 φ 取任何值时,恒有 $\rho=2$,因此方程的图像是以

极点 O 为圆心，2 为半径的圆(图 7-42).

(2)对于方程 $\varphi=\frac{\pi}{2}$，可以看出，当 ρ 取任何正值或零时，φ 的对应值都是 $\frac{\pi}{2}$，因此方程的图像是从点 O 出发与极轴垂直的射线 $O\rho$(图 7-43).

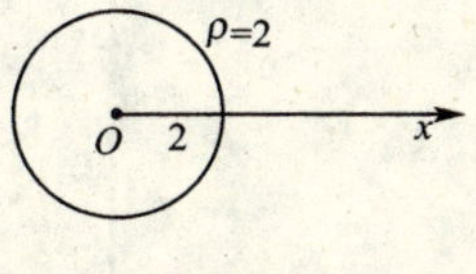

图 7-42

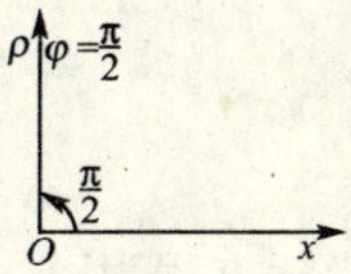

图 7-43

例 7-53 作出方程 $\rho=\cos\varphi+1$ 的图形.

解:把 $\varphi(0\leqslant\varphi\leqslant 2\pi)$ 与 ρ 的对应值列表如下：

φ	0	$\frac{\pi}{6}$	$\frac{\pi}{4}$	$\frac{\pi}{3}$	$\frac{\pi}{2}$	$\frac{2\pi}{3}$	$\frac{3\pi}{4}$	$\frac{5\pi}{6}$	π
ρ	2	1.87	1.71	1.5	1	0.5	0.29	0.13	0
φ	$\frac{7\pi}{6}$	$\frac{5\pi}{4}$	$\frac{4\pi}{3}$	$\frac{3\pi}{2}$	$\frac{5\pi}{3}$	$\frac{7\pi}{4}$	$\frac{11\pi}{6}$	2π	
ρ	0.13	0.29	0.5	1	1.5	1.71	1.87	2	

根据上表描出各点，并连成光滑的曲线，就得出 $\rho=\cos\varphi+1$ 的图像(图 7-44). 此曲线叫做**心脏线**.

作极坐标方程的图像，有时也可以把极坐标方程先化为直角坐标方程. 然后再作图.

例 7-54 作极坐标方程 $\rho=2\sin\varphi$ 的图形.

解:把 $\rho=2\sin\varphi$ 化为直角坐标方程

$$x^2+y^2=2y$$

即

$$x^2+(y-1)^2=1$$

这是直角坐标系中，圆心在点 $A(0,1)$，半径为 1 的圆的方程. 所以原极坐标方程的图像是圆心在点 $(1,\frac{\pi}{2})$，且经过极点的圆(图 7-45).

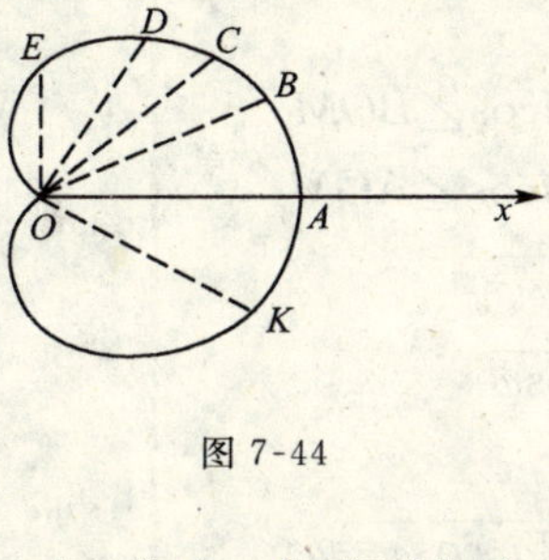

图 7-44

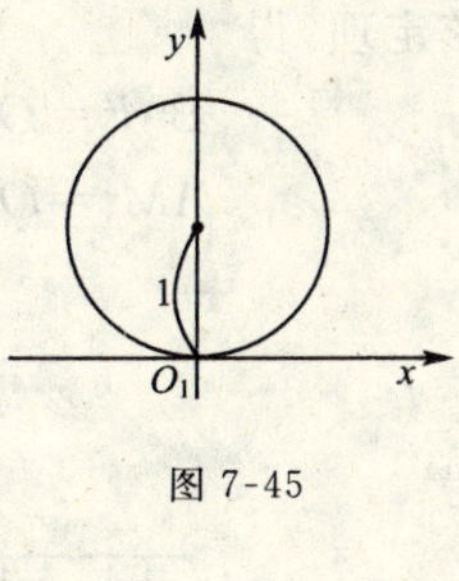

图 7-45

7.10.3 极坐标方程的建立

在极坐标系中可以建立曲线的极坐标方程，其方法和步骤与直角坐标方程类似，也就是把曲线看作是适合某种条件的点的轨迹. 把已知条件用曲线上点的流动坐标 ρ、φ 的关系式表示出来，就可以得到曲线的极坐标方程.

例 7-55 求直线的极坐标方程.

解:设 l 为极坐标平面上任意位置的直线,作 $OA\perp l$,垂足为 A,记 $|OA|=d$,$\angle COA=\omega$(d,ω 均为常数)(图 7-46).

设 $B(\rho,\varphi)$为直线 l 上任意一点,

因为
$$OB=\rho,|OA|=d$$
$$OB\cdot\cos(\varphi-\omega)=|OA|$$
即
$$\rho\cos(\varphi-\omega)=d$$
所以直线的极坐标方程为
$$\rho\cos(\varphi-\omega)=d.$$

例 7-56 设有一圆经过极点 O,圆心在极轴上,半径为 a,求它的极坐标方程(图 7-47).

解:设点 $M(\rho,\varphi)$是圆上任意一点,连结 OM 与 MA,则 $|OM|=\rho$,$\angle MOA=\varphi$,因为 $\angle AMO=\frac{\pi}{2}$,$OA=2a$,所以 $\rho=2a\cos\varphi$ 就是所求圆的极坐标方程.

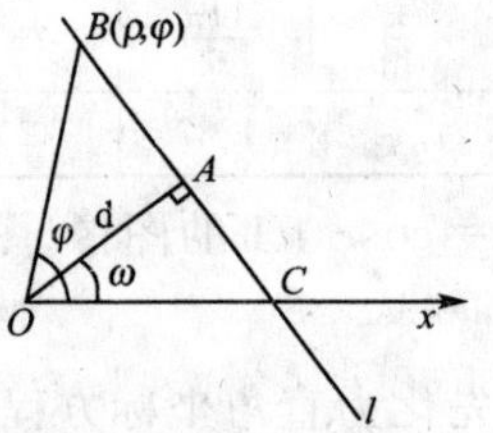

图 7-46

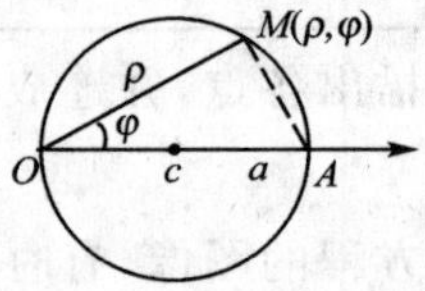

图 7-47

例 7-57 一动点与两定点的距离的乘积等于这两定点距离的一半的平方,求这个动点轨迹的极坐标方程.

解:如图 7-48 所示,取两定点为 A、B,它们的连线 AB 的中点为极点 O,射线 OA 为极轴,设动点为 $M(\rho,\varphi)$,$|OA|=|OB|=a$,连结 BM、OM、AM,则 $|OM|=\rho$,$\angle AOM=\varphi$,由题意可知
$$BM\cdot AM=a^2 \tag{1}$$
根据余弦定理,得
$$BM^2=OB^2+OM^2-2OB\cdot OM\cos\angle BOM$$
$$AM^2=OA^2+OM^2-2OA\cdot OM\cos\angle AOM$$
即
$$BM=\sqrt{a^2+\rho^2+2a\rho\cos\varphi}$$
$$AM=\sqrt{a^2+\rho^2-2a\rho\cos\varphi}$$
代入(1)式,得
$$\sqrt{a^2+\rho^2+2a\rho\cos\varphi}\cdot\sqrt{a^2+\rho^2-2a\rho\cos\varphi}=a^2$$
化简,得
$$(a^2+\rho^2)^2-4a^2\rho^2\cos^2\varphi=a^4$$
即
$$\rho^2=2a^2\cos2\varphi$$
这就是所求的极坐标方程,它的图像如图 7-49 所示,这条曲线通常称为**双纽线**.

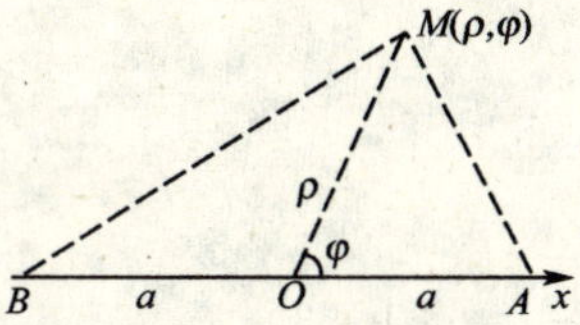

图 7-48

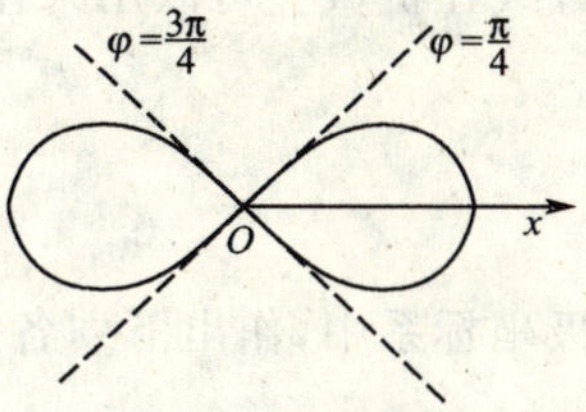

图 7-49

7.10.4 等速螺线及其方程

一射线绕端点作匀角速度旋转，同时一动点沿着这条射线作等速运动，这动点的轨迹叫做**等速螺线(或阿基米德螺线)**.

下面求等速螺线的极坐标方程.

选射线的端点为极点 O(图 7-50)，射线的初始位置为 Ox，射线绕 O 旋转的角速度为 ω，动点在射线上移动的速度为 v，(ω、v 为常数)，若动点从极点 O 开始，经过时间 t 后，运动到点 $M(\rho、\varphi)$，那么根据已知条件知 ρ、φ 与时间 t 的关系为

$$\rho=vt,\varphi=\omega t$$

从上式中消去 t，则得

$$\rho=\frac{v}{\omega}\varphi$$

令 $\frac{v}{\omega}=a$，于是等速螺线的极坐标方程为

$$\rho=a\varphi$$

若动点的初始位置不在极点(图 7-51)，而在极轴上离极点距离为 b 的点 M_0 处，那同样可以得到动点轨迹的极坐标方程为

$$\rho=a\varphi+b$$

下面我们作等速螺线 $\rho=a\varphi(a>0)$ 的图像.

把 ρ、φ 的一些对应值($\varphi\geqslant 0$)列表如下：

φ	0	$\frac{\pi}{4}$	$\frac{\pi}{2}$	$\frac{3}{4}\pi$	π	$\frac{5}{4}\pi$	$\frac{3}{2}\pi$	$\frac{7\pi}{4}$	2π
ρ	0	$\frac{\pi}{4}a$	$\frac{\pi}{2}a$	$\frac{3}{4}\pi a$	πa	$\frac{5}{4}\pi a$	$\frac{3\pi}{2}a$	$\frac{7\pi}{4}a$	$2\pi a$

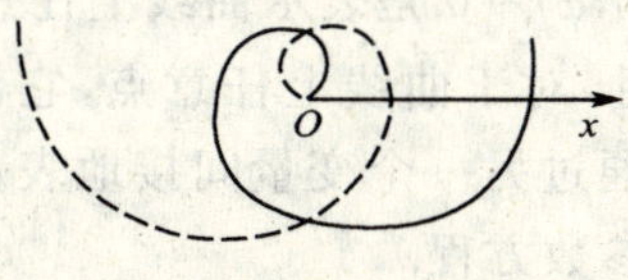

图 7-50

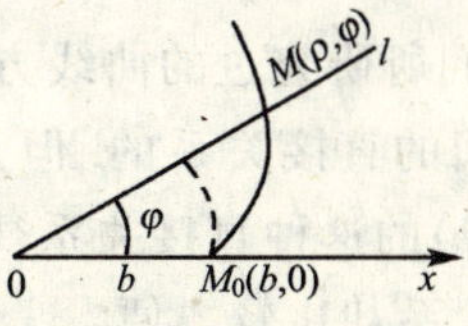

图 7-51

从上表中看出，当 $\varphi=0$ 时，$\rho=0$，曲线由极点出发，当 φ 增大时，ρ 也随着增大，φ 每转一圈增加 2π，ρ 相应地增加 $2a\pi$，按上表在极坐标平面描点，并连成光滑曲线，此曲线就是等速螺线 $\rho=a\varphi$ 的图像.

等速螺线在机械上可以用来作为自动控制中凸轮的轮廓曲线.

习题 7.10

1. 在极坐标系中,作出下列各点.

(1)$A(3,\frac{\pi}{4})$,$B(5,\frac{3\pi}{2})$;　　(2)$C(2,\frac{7\pi}{4})$,$D(\frac{1}{2},\frac{3}{2}\pi)$.

2. 把下列各点的极坐标化为直角坐标.

(1)$A(\sqrt{2},\frac{\pi}{4})$,$B(1,\frac{\pi}{3})$;　　(2)$C(4,\frac{5\pi}{6})$,$D(2,\frac{5}{3}\pi)$.

3. 把下列各点的直角坐标化为极坐标.

(1)$A(-2,0)$,$B(\frac{1}{2},\frac{1}{2})$;　　(2)$C(-1,\sqrt{3})$,$D(-1,-\sqrt{3})$.

4. 把下列直角坐标方程化为极坐标方程

(1)$x^2+y^2=ax$;　　(2)$xy=1$;

(3)$x^2-y^2=a^2$;　　(4)$x^2+(y-a)^2=a^2$.

5. 把下列极坐标方程化为直角坐标方程.

(1)$\rho=2\sin\varphi$;　　(2)$\rho(4+5\cos\varphi)=9$;

(3)$\rho^2\cos2\varphi=-1$;　　(4)$\rho(\sin\varphi+2\cos\varphi)=6$.

6. 画出下列极坐标方程的图像.

(1)$\rho=3$;　　(2)$\rho=2a\sin\varphi$.

7. 求经过点 $A(2,\frac{\pi}{4})$,并与极轴垂直的直线的极坐标方程.

8. 求经过点 $A(4,0)$,并与极轴成 45°角的直线的极坐标方程.

9. 求经过点 $A(2,\frac{\pi}{3})$,并与极轴平行的直线的极坐标方程.

10. 方程 $\varphi=\frac{\pi}{4}$ 的点的轨迹是什么? 写出经过极点的直线的极坐标方程.

7.11　参数方程

前面我们所研究过的曲线方程 $F(x,y)=0$ 和 $G(\rho,\varphi)=0$ 是表示曲线上任意一点 x、y 或 ρ、φ 之间的直接关系的. 但是,在解决某些问题时,对于曲线上任意点,它们的坐标 (x,y) 或 (ρ,φ) 的这种直接关系往往不容易被发现,而通过另一个变量间接地表示 x、y 或 ρ、φ 之间的关系却比较方便, 这就是我们所要研究的参数方程.

7.11.1　参数方程的概念

先看下面的例子:以发射角 α,初速度 v_0 发射炮弹,求炮弹运动的轨迹方程(不考虑空气阻力的影响).

在炮弹运动轨迹所在的平面内，取炮口为原点，水平方向为 x 轴，建立直角坐标系 xOy(图 7-52)．这时，建立普通方程是比较困难的，虽然建立炮弹运动方程是比较困难的，但炮弹运动离不开时间，则可借助时间 t 来建立炮弹运动的轨迹方程．

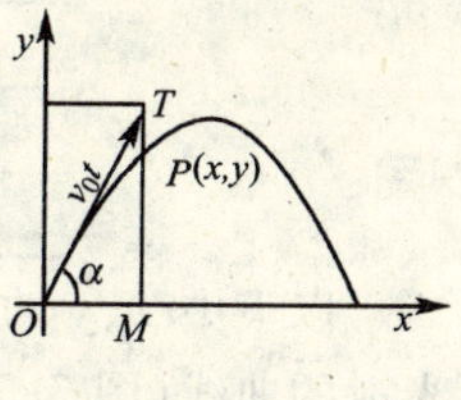

图 7-52

设 t 时刻炮弹的位置在点 $P(x,y)$，如果不考虑地球引力的作用，那么，t 时刻炮弹应该运动到 T 点，于是

$$OT=v_0t$$

但是实际上，由于地球的引力作用，炮弹不在 T 点，而在点 $P(x,y)$，这时

$$x=OM=v_0t\cos\alpha$$

和

$$y=MP=v_0t\cdot\sin\alpha-\frac{1}{2}gt^2\text{（}g\text{ 是重力加速度）}$$

即

$$\begin{cases}x=v_0t\cdot\cos\alpha\\ y=v_0t\cdot\sin\alpha-\dfrac{1}{2}gt^2\end{cases}\quad(0\leqslant t\leqslant t_1)$$

其中 t_1 是炮弹落地的时刻，这样通过时间 t 建立了 x 与 y 之间的关系，这就是炮弹运动的轨迹方程．

一般地，在取定的直角坐标系中，曲线上任意一点的坐标 (x,y) 可以表示为另一个变量 t 的函数．

$$\begin{cases}x=f(t)\\ y=g(t)\end{cases}\qquad(1)$$

同样，在极坐标系中，曲线上的任意一点坐标 (ρ,φ) 可以表示为另一个变量 t 的函数．

$$\begin{cases}\rho=\rho(t)\\ \varphi=\varphi(t)\end{cases}\qquad(2)$$

方程组(1)和(2)叫做曲线的**参数方程**，变量 t 叫做**参数**．

参数方程中的参数不一定是时间，也可以是角度，一般地，可以是没有明显意义的变量．

为了与曲线的参数方程区别起见，把表示曲线上点的坐标之间的直接关系的方程叫做曲线的**普通方程**．

7.11.2　参数方程的作图

由已知的参数方程作它的图形的基本方法也是描点法，有时也可以先将参数方程化为普通方程，然后再作图．

例 7-58　作参数方程 $\begin{cases}x=t^2\\ y=t^3\end{cases}$ 的图像．

解：在参数 t 的取值范围内，取若干个值代入已知参数方程，计算出对应的 x、y 的值，列表如下：

t	…	-2	-1	0	1	2	…
x	…	4	1	0	1	4	…
y	…	-8	-1	0	1	8	…

以表中 x、y 的每组对应值作为点的坐标. 在直角坐标系中描点，再依次连接各点成光滑的曲线(图 7-53).

例 7-59 作参数方程 $\begin{cases} x=\cos t \\ y=\sin^2 t \end{cases}$ 的图像.

解:将第一个方程两边平方，得

$$x^2=\cos^2 t.$$

再和第二个方程相加，得普通方程

$$x^2+y=1$$

即

$$y=-x^2+1$$

这是二次函数，它的图像是顶点为 $C(0,1)$，对称轴为 y 轴，且开口向下的抛物线. 用描点法作出它的图像(图 7-54). 由于 t 不论为何值时，总有 $y=\sin^2 t\geqslant 0$，则它的图像是抛物线中包括和 Ox 轴两交点 B、A 在内的 Ox 轴上方部分.

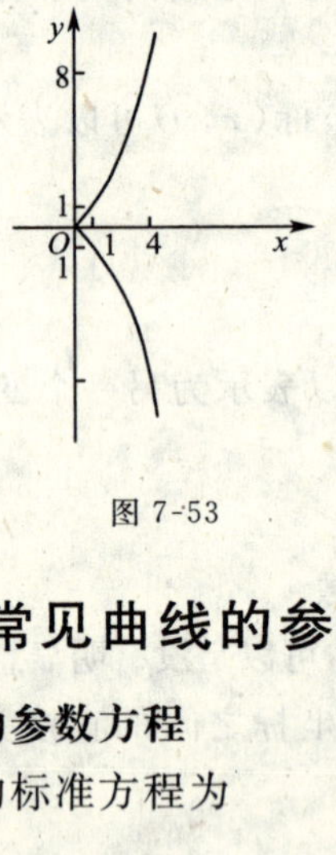

图 7-53

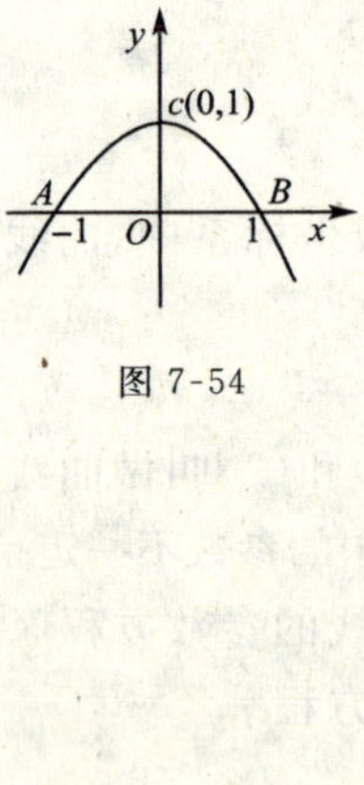

图 7-54

7.11.3 常见曲线的参数方程

1. 椭圆的参数方程

设椭圆的标准方程为

$$\frac{x^2}{a^2}+\frac{y^2}{b^2}=1\ (a>b)$$

以原点 O 为圆心，作两个半径分别为 a 和 b 的同心圆. 从原点 O 出发任作一射线，射线与两圆分别交于 A 点和 B 点，过 A 引 y 轴的平行线与椭圆相交于 M，并设点 M 的坐标为 (x,y)，取 Ox 正半轴为始边，射线 OBA 为终边的正角 t 为参数，如图 7-55 所示有

$$x=a\cos t$$

代入已知椭圆方程，解得

$$y=b\sin t$$

则

$$\begin{cases} x=a\cos t \\ y=b\sin t \end{cases}$$

就是所给椭圆的参数方程.

参数 t 称为椭圆的离心角.

当 $a=b$ 时(图 7-56),就得到圆的参数方程,即

$$\begin{cases}x=a\cos t\\y=a\sin t\end{cases}$$

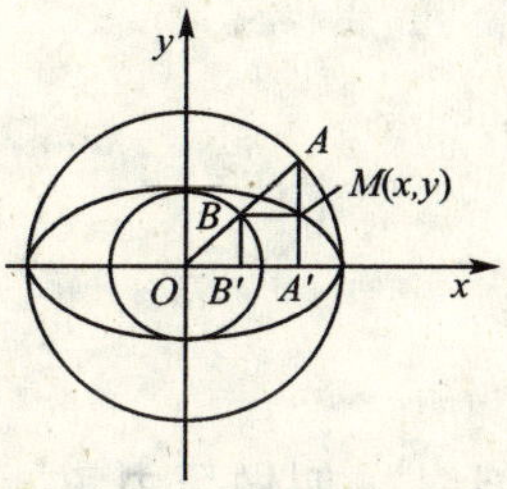

图 7-55

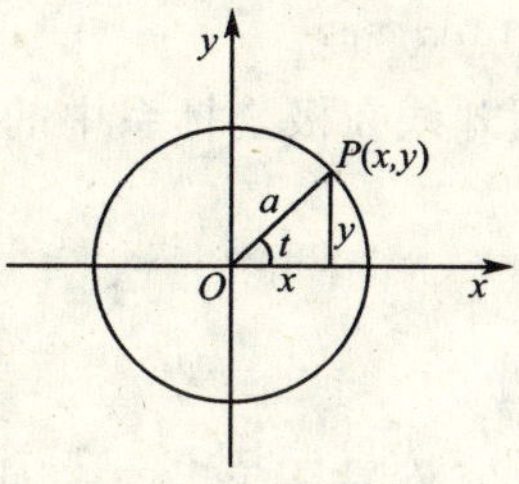

图 7-56

2. 圆的渐开线的参数方程

把一条没有伸缩性的绳子围绕在定圆周上,然后拉开绳子的一端并拉直,使绳子与圆周始终相切,绳子端点的轨迹,称为**圆的渐开线**.这个圆叫做渐开线的**基圆**.

下面我们分别在直角坐标系和极坐标系内建立圆的渐开线的参数方程.

(1)直角坐标参数方程

设基圆的圆心为 O,半径为 a,而 A 是绳子未拉开时它的一端的位置(图 7-57),现以 O 为原点,通过 O 与 A 的直线为 x 轴.设 $M(x,y)$ 是圆的渐开线上的任意一点,这时绳子的一段为直线 MT,且是圆的切线,令 $\angle AOT=t$(弧度),则有

$$|MT|=\overset{\frown}{AT}=at$$

作 MC、TB 垂直 x 轴,MD 平行 x 轴

$\because \angle MTD=\angle AOT=t$,于是有

$$x=OC=OB+BC=OB+DM=a\cos t+at\sin t$$

$$y=CM=BD=BT-DT=a\sin t-at\cos t$$

所以圆的渐开线的直角坐标的参数方程为

$$\begin{cases}x=a\cos t+at\sin t\\y=a\sin t-at\cos t\end{cases}$$

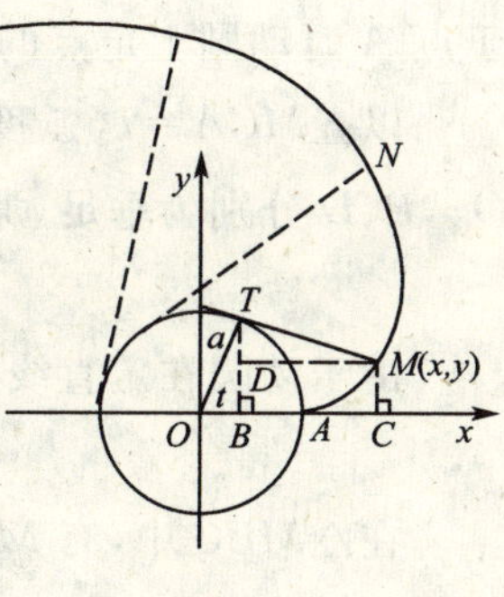

图 7-57

(2)极坐标参数方程

选基圆中心为极点 O,射线 OA 为极轴 Ox,建立极坐标系(图 7-58).

设 $M(\rho,\varphi)$ 为圆的渐开线上任意一点,则 $OM=\rho$,$\angle AOM=\varphi$(弧度).

自 M 作基圆的切线 MB(在渐开线生成方向).B 为切点,取 $\angle BOM=\alpha$(弧度)为参数.在 $\triangle BOM$ 中,

$\because OB=OM\cos\angle BOM$,

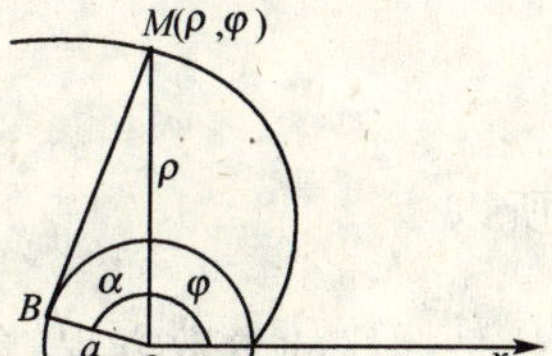

图 7-58

$$\therefore \rho = OM = \frac{OB}{\cos\angle BOM} = \frac{a}{\cos\alpha}.$$

而 $BM = \overset{\frown}{AB} = a(\varphi + \alpha)$

又 $BM = OB\tan\angle BOM = a\tan\alpha$,

$$\therefore a(\varphi + \alpha) = a\tan\alpha.$$

也即是 $\varphi = \tan\alpha - \alpha$.

于是圆的渐开线在极坐标系中的参数方程为

$$\begin{cases} \rho = \dfrac{a}{\cos\alpha} \\ \varphi = \tan\alpha - \alpha \end{cases}$$

参数 α 的取值范围是 $0 \leqslant \alpha < \frac{\pi}{2}$,用圆的渐开线作齿形曲线时,$\alpha$ 叫做**压力角**.

3. 摆线的参数方程

设有一半径为 r 的圆,在一定直线上作无滑动的滚动时,圆周上一个定点的运动轨迹称为**摆线**(或旋轮线).定直线称为**导线**,动圆称为**发生圆**.

下面我们来推导摆线的参数方程.

以定直线为 x 轴,如果滚动圆上定点在开始时位于圆与直线的切点处,取该切点为原点 O,建立直角坐标系(图7-59).动圆半径为 r,设 $M(x,y)$ 为摆线上任一点,它是相应于滚动圆心在点 C,与定直线(Ox 轴)相切于点 A 时动圆上定点的位置.

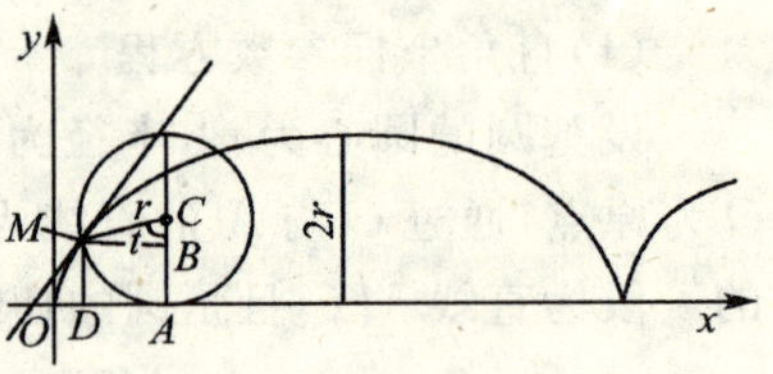

图 7-59

以 $\angle MCA = t$(弧度)为参数,作 $MB \perp AC$,$MD \perp Ox$,B、D 分别为垂足,那么

$$x = OD = OA - DA = OA - MB.$$

由于动圆在定直线上作无滑动的滚动,所以

$$OA = \overset{\frown}{AM} = rt$$

在$\triangle MBC$ 中,有 $MB = MC\sin\angle MCB = r\sin t$.

因此

$$x = rt - r\sin t$$

$$y = DM = AB = AC - CB = r - r\cos t$$

所以
$$\begin{cases} x = r(t - \sin t) \\ y = r(1 - \cos t) \end{cases}$$

就是摆线的参数方程.参数 t 称为摆线上点 M 的滚动角,当 $t=0$ 时,M 在原点;当 $t>0$ 时,圆向 x 轴正向滚动;当 $t<0$ 时,圆向 x 轴负向滚动.当 t 由 0 变到 2π 时,M 点就画出了摆线的一支,称为一拱,拱高为 $2r$,拱宽为 $2\pi r$,当 t 由 2π 变到 4π 时,M 点又画出了相同的一支,所以摆线由无限多支彼此相同的分支所组成.

习题 7.11

1.把下面参数方程化为普通方程

(1) $\begin{cases} x=a\cos t \\ y=b\sec t \end{cases}$; (2) $\begin{cases} x=2pt \\ y=2pt^2 \end{cases}$;

(3) $\begin{cases} x=\sin t+\cos t \\ y=\sin t\cdot\cos t \end{cases}$.

2.作出参数方程 $\begin{cases} x=t^2 \\ y=2t \end{cases}$ 的图像.

3.以圆心角 φ(从 Ox 轴的正向开始)为参数,求中心在(a,b),半径为 r 的圆的参数方程.

4.求抛物线 $\begin{cases} x=2at \\ y=at^2 \end{cases}$ 与圆 $x^2+y^2=5a^2$ 的交点.

5.求椭圆 $4x^2+y^2=16$ 的参数方程.

(1)设 $x=2\cos\varphi$,φ 是参数.

(2)设 $y=tx+14$,t 是参数.

6.求过点(6,7),且倾斜角的余弦值为$\frac{\sqrt{3}}{2}$的直线的参数方程.

7.试证圆 $x^2+y^2=9$ 与直线 $\begin{cases} x=3t \\ y=4t-5 \end{cases}$ 相切.

8.求过点 $M(1,-5)$,倾斜角是$\frac{\pi}{3}$的直线的参数方程.

9.把直线的点斜式方程 $y-y_0=\tan\alpha(x-x_0)$化为参数方程.

复习题七

1.填空

(1)在圆$(x-a)^2+(y-b)^2=R^2$ 中,满足________条件时,能使圆心在原点;满足________条件时,能使圆心在 y 轴上.

(2)椭圆 $4x^2+16y^2=1$ 的长轴为________,短轴为________,离心率是________,焦点坐标是________.

(3)双曲线 $\frac{x^2}{a^2}-\frac{y^2}{b^2}=1$ 的对称中心是________,其顶点坐标 A_1 ________,A_2 ________,实轴为________,虚轴为________.

(4)抛物线 $y=\frac{1}{10}x^2$ 的开口向________,焦点坐标是________,准线方程是________.

(5)直线 $\begin{cases} x=3-t \\ y=1+t \end{cases}$ 与直线 $y=x$ 相交,交点到点(3,1)的距离等于________.

(6)过点 $M(-3,3)$,倾斜角为$\frac{5\pi}{6}$的直线的参数方程是________.

(7)极坐标方程 $\rho=\frac{a}{\cos\varphi}(0\leqslant\varphi\leqslant\frac{\pi}{2},a>0)$表示的曲线是________.

(8)曲线 $\rho=4\sin\varphi$ 和 $\rho=2$ 的交点坐标是________.

2. 选择题

(1) P_1、P_2 是数轴上两点,点 P_2 的坐标 $x_2=-5$,而且 $|P_2P_1|=3$,那么点 P_1 的坐标 x_1 等于　(　　)

A. -8　　B. -8 或 -2　　C. -2　　D. 8

(2)如果 $P_1(3,1)$、$P_2(-2,k)$、$P_3(8,11)$在同一直线上,那么 k 的值是　(　　)

A. -6　　B. -7　　C. -8　　D. -9

(3)直线 $x-3y=1$ 在 y 轴上的截距是　(　　)

A. $-\frac{1}{3}$　　B. $\frac{1}{3}$　　C. -3　　D. 3

(4)如果直线 $5y+ax+2=0$ 与直线 $x+2y+3=0$ 互相垂直,那么 a 的值是　(　　)

A. -10　　B. -8　　C. -6　　D. 10

(5)直线$(2m^2-5m+2)x-(m^2-4)y+5m=0$ 的倾斜角是$\frac{\pi}{4}$,则 m 的值是　(　　)

A. 2　　B. 3　　C. -3　　D. -2

(6)在椭圆的标准方程中,a、b、c 三者之间关系是　(　　)

A. $a=b=c$　　B. $a^2=b^2+c^2$　　C. $a^2+b^2=c^2$　　D. $a^2=b^2-c^2$

(7)双曲线的离心率 e 一定　(　　)

A. 等于 1　　B. 小于 1　　D. 大于 1　　D. 大于零小于 1

(8)方程$\begin{cases}x=\cos^2\varphi\\y=\sin\varphi\end{cases}$($\varphi$ 为参数),所表示的曲线是　(　　)

A. 抛物线　　B. 圆

C. 两条相交直线　　D. 抛物线的一部分

(9)点$(-12,5)$的极坐标是　(　　)

A. $(13,\arctan\frac{5}{12})$　　B. $(-13,\arctan\frac{5}{12})$

C. $(-13,-\arctan\frac{5}{12})$　　D. $(13,-\arctan\frac{5}{12})$

(10)把极坐标方程 $\rho\sin^2\varphi=\cos\varphi$ 化为直角坐标方程是　(　　)

A. $y=x^2$　　B. $x=y^2$　　C. $x=2y$　　D. $y=2x$

3. 点 $D(2,1)$,$E(0,3)$,$F(-1,0)$是三角形三边中点,求这个三角形三个顶点的坐标.

4. 求在第Ⅰ、Ⅲ象限的角平分线上与点 $M(0,2)$的距离为$\sqrt{2}$的点的坐标.

5. 一条直线垂直于直线 $4x-y=7$,垂足的横坐标为 1,求这条直线的方程.

6. 直线 l 经过原点,且与直线 $y=2x-5$ 的夹角为$\frac{\pi}{4}$,求直线 l 的方程.

7. 已知圆的切线为 $x-2=0$ 和 $x=6$，它的圆心在直线 $3x-y-6=0$ 上，求这个圆的方程.

8. 椭圆的一个焦点把长轴分为两段，分别等于 7 和 1，试求椭圆的标准方程.

9. 已知双曲线 $\frac{x^2}{225}-\frac{y^2}{64}=1$ 上的一点，它的横坐标为 15，试求该点到两个焦点的距离.

10. 已知 M 为圆 $x^2+y^2=16$ 上的一个动点，并且 Q 点的坐标为 $(0,12)$，求线段 MQ 的中点的轨迹方程.

11. 从极点作圆 $\rho=2a\cos\varphi$ 的弦，求这些弦的中点的轨迹的极坐标方程.

12. 根据所给条件，把下列各方程化为参数方程：

(1) $xy=a^2$，设 $x=a\tan\varphi$，φ 是参数

(2) $\frac{x^2}{a^2}-\frac{y^2}{b^2}=1$，设 $y=b\tan\varphi$，φ 是参数.

第8章

数 列

8.1 数列的概念

不论在生活实践或工作学习中，我们都能够遇到下面的类似问题：

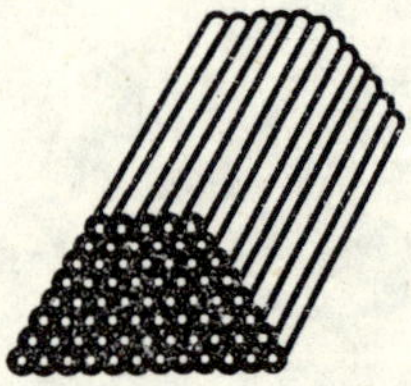

图 8-1

某车间把所生产的圆形钢管堆放成如图 8-1 所示的形状，共有 8 层，自上而下各层的钢管根数依次是

$$5,6,7,8,9,10,11,12. \quad (1)$$

某厂去年的产值是 10 万元，从今年起，计划在今后 5 年内每年比上一年产值增长 8%. 今后 5 年的年产值(万 元)依次是

$$10\times(1+8\%),10\times(1+8\%)^2,10\times(1+8\%)^3,10\times(1+8\%)^4,10\times(1+8\%)^5. \quad (2)$$

把正偶数从小到大依次排成一列数

$$2,4,6,8,10,\cdots. \quad (3)$$

把 -1 的 1 次幂、2 次幂、3 次幂、4 次幂、…排成一列数

$$-1,1,-1,1,-1,1,\cdots. \quad (4)$$

把无穷多个 -1 排成一列数

$$-1,-1,-1,-1,-1,\cdots. \quad (5)$$

像上面的例子中，**按一定次序排列的一列数叫做数列. 数列中的每一个数都叫做这个数列的项.**

项数有限的数列，叫做**有穷数列**，项数无限的数列叫做**无穷数列**. 如上面的数列(1)、(2)是有穷数列，数列(3)、(4)、(5)都是无穷数列.

由于数列的项都是按一定次序排列的，因此每一项都占有一个不同的序号. 对于前面的数列(1)每一项与它的序号有下面的对应关系

项	5	6	7	8	9	10	11	12
	↑	↑	↑	↑	↑	↑	↑	↑
序号	1	2	3	4	5	6	7	8

在数列相应序号位置上的项依次叫做这个数列的**第 1 项(或首项)，第 2 项，…，第 n 项，…. 并依次用 $a_1,a_2,a_3,\cdots,a_n,\cdots$** 来表示. 因此数列的一般形式可写成

$$a_1,a_2,a_3,\cdots,a_n,\cdots.$$

通常把第 n 项 a_n 叫做数列的通项，并把数列简记为 $\{a_n\}$. 例如，把数列

2,4,6,8,…,2n,…，简记为 $\{2n\}$. 把数列

$$\frac{1}{2},\frac{1}{3},\frac{1}{4},\frac{1}{5},\cdots,\frac{1}{n+1},\cdots,$$

简记为 $\left\{\frac{1}{n+1}\right\}$.

如果数列 $\{a_n\}$ 的第 n 项 a_n 与项数 n 之间的关系可以用一个公式来表示，这个公式就叫做这个数列的**通项公式**. 例如

把**正整数**从小到大排成数列 1,2,3,…的通项公式是

$$a_n=n;$$

把**正偶数**从小到大排成数列 2,4,6,…的通项公式是

$$a_n=2n;$$

把**正奇数**从小到大排成数列 1,3,5,…的通项公式是

$$a_n=2n-1.$$

知道了一个数列的通项公式后，只要依次用正整数 1,2,3,…去代替公式中的 n，就可以求出这个数列的各项. 因此，知道了数列的通项公式，就等于知道了数列的每一项.

例 8-1 已知下面数列 $\{a_n\}$ 的通项公式，分别写出它们的前 5 项与第 20 项：

(1) $a_n=\frac{2n-1}{2n}$；　　(2) $a_n=(-1)^n(2n+1)$.

解：在通项公式中依次取 $n=1,2,3,4,5,20$，可得到

$a_1=\frac{1}{2},a_2=\frac{3}{4},a_3=\frac{5}{6},a_4=\frac{7}{8},a_5=\frac{9}{10},a_{20}=\frac{39}{40}$.

(2) 在通项公式中依次取 $n=1,2,3,4,5,20$，可得到

$a_1=-3,a_2=5,a_3=-7,a_4=9,a_5=-11,a_{20}=41$.

例 8-2 写出数列的一个通项公式，使它的前 4 项分别是下列各数：

(1) $\frac{1}{2},\frac{2}{3},\frac{3}{4},\frac{4}{5},\cdots$；

(2) $\frac{2^2-1}{2},\frac{3^2-1}{3},\frac{4^2-1}{4},\frac{5^2-1}{5},\cdots$；

(3) $\frac{1}{1\cdot 2},-\frac{1}{2\cdot 3},\frac{1}{3\cdot 4},-\frac{1}{4\cdot 5},\cdots$.

解：(1) 数列的前 4 项的分母都是序号加上 1，分子都与序号相等，所以通项公式是

$$a_n=\frac{n}{n+1};$$

(2) 数列的前 4 项的分母都是序号加上 1，分子都是分母的平方减去 1. 所以通项公式是

$$a_n=\frac{(n+1)^2-1}{n+1}=\frac{n(n+2)}{n+1};$$

(3) 数列的前 4 项的绝对值都等于序号与序号加上 1 的积的倒数，且奇数项为正，偶数项为负，所以通项公式是

$$a_n=\frac{(-1)^{n+1}}{n(n+1)}.$$

习题 8.1

1. 请你举出几个实际生活中的数列的例子.

2. 根据数列的定义判断,下面的数的排列是数列吗?

(1) $-1,0,-1,0,-1,0$;

(2) $2,2,2$.

3. 根据数列的定义,判断下面各题中的两个数列是否是相同的数列.

(1) $0,1,2,3,\cdots$ 和 $1,2,3,\cdots$;

(2) $1,2,3,4,5$ 和 $1,2,3,4,5,\cdots$;

(3) $-1,\frac{1}{2},\frac{1}{3},\frac{1}{4},\frac{1}{5}$ 和 $\frac{1}{5},\frac{1}{4},\frac{1}{3},\frac{1}{2},-1$.

4. 下面各数列与正整数列有着密切关系,请你分别写出它们的一个通项公式:

(1) $-1,-4,-5,-6,-7,\cdots$; $a_n=$________;

(2) $10,11,12,13,14,\cdots$; $a_n=$________;

(3) $-1,-2,-3,-4,-5,\cdots$; $a_n=$________;

(4) $1,\frac{1}{2},\frac{1}{3},\frac{1}{4},\frac{1}{5},\cdots$; $a_n=$________;

(5) $-1,\frac{1}{2},\frac{1}{3},\frac{1}{4},\frac{1}{5},\cdots$; $a_n=$________.

5. 已知下面数列$\{a_n\}$的通项公式,说出它的前 5 项:

(1) $a_n=n^3-1$; (2) $a_n=2n$;

(3) $a_n=5\times(-1)^{n+1}$; (4) $a_n=1+(-1)^n$.

6. 观察下面数列的特点,用适当的数填空,并写出它的一个通项公式:

(1) $1,3,(\quad),7,9,(\quad),13,\cdots$; $a_n=$________;

(2) $(\quad),1,4,9,16,(\quad),36,\cdots$; $a_n=$________;

(3) $1,\sqrt[3]{2},(\quad),\sqrt[3]{4},\sqrt[3]{5},\sqrt[3]{6},\sqrt[3]{7},(\quad),\cdots$; $a_n=$________.

7. 写出数列的一个通项公式,使它的前 6 项分别是下列各数:

(1) $1,-2,3,-4,5,-6,\cdots$;

(2) $-1,2,-3,4,-5,6,\cdots$;

(3) $-1,-2,-3,-4,-5,-6,\cdots$.

8.2 等差数列

8.2.1 等差数列及其通项公式

我们先观察下面数列排列次序的特点:

(1) $5,6,7,8,9,10,11,12$;

(2) $50,40,30,20,10,\cdots$.

可以看出:从第 2 项起数列(1)的每一项都比它的前一项多 1;数列(2)的每一项都比

它的前一项少 10.

总之，上述每个数列，从第 2 项起，每一项与它的前一项的差都等于同一个常数.

一般地，**如果一个数列**

$$a_1, a_2, a_3, \cdots, a_n, \cdots,$$

从第 2 项起，每一项减去它前一项的差都等于同一个常数 d，即

$$a_2-a_1=a_3-a_2=\cdots=a_n-a_{n-1}=\cdots=d,$$

那么，这个数列叫做等差数列，常数 d 叫做等差数列的公差.

如果一个数列

$$a_1, a_2, a_3, \cdots, a_n, \cdots.$$

是等差数列，它的公差是 d，那么

$$a_2=a_1+d,$$
$$a_3=a_2+d=(a_1+d)+d=a_1+2d,$$
$$a_4=a_3+d=(a_1+2d)+d=a_1+3d,$$
$$a_5=a_4+d=(a_1+3d)+d=a_1+4d,$$
$$\cdots.$$

由此可知等差数列 $\{a_n\}$ 的通项公式是

$$\boxed{a_n=a_1+(n-1)d}$$

例如，一个等差数列 $\{a_n\}$ 的首项是 5，公差是 -1，那么将它们代入上面的公式，就得到通项公式

$$a_n=5+(n-1)\times(-1).$$

即
$$a_n=6-n.$$

等差数列的通项公式，给出了等差数列中的 a_1，a_n，d 和 n 之间的关系. 知道其中的三个量，就可以求出另一个量.

例 8-3 指出下列等差数列的公差和通项公式：

(1)$1,5,9,13,17,\cdots$；　　(2)$-2,-2,-2,-2,-2,\cdots$；

(3)$-\frac{1}{2},0,\frac{1}{2},1,1\frac{1}{2},\cdots$.

解：(1)中数列的公差 $d=4$，通项公式是 $a_n=1+(n-1)\cdot 4$，即 $a_n=4n-3$；

(2)中数列的公差 $d=0$，通项公式是 $a_n=-2$；

(3)中数列的公差是 $\frac{1}{2}$，通项公式是 $a_n=-\frac{1}{2}+(n-1)\cdot\frac{1}{2}$，即 $a_n=\frac{1}{2}n-1$.

例 8-4 求等差数列 $10,6,2,\cdots$ 的第 11 项.

解：$\because a_1=10, d=6-10=-4, n=11$，

$\therefore a_{11}=10+(11-1)\times(-4)=-30$.

例 8-5 等差数列中 $a_1=3, d=2, a_n=21$，求 n.

解：代入公式，得

$$21=3+(n-1)\times 2$$

$\therefore n=10$

例 8-6 已知等差数列的第 3 项是 -4，第 6 项是 2，求第 10 项.

解：设等差数列的首项为 a_1，公差为 d，根据题意，得

$$\begin{cases} a_1+(3-1)d=-4 \\ a_1+(6-1)d=2 \end{cases}$$

整理,得 $\begin{cases} a_1+2d=-4 \\ a_1+5d=2 \end{cases}$

解得 $\begin{cases} a_1=-8 \\ d=2 \end{cases}$

因此 $a_{10}=-8+(10-1)\times 2=10$.

所以第 10 项是 10.

例 8-7 已知三个数成等差数列,它们的和为 12,它们的积为 60,求这三个数.

解:根据三个数成等差数列,则可设这三个数为 $a-d,a,a+d$(公差为 d).

$\because (a-d)+a+(a+d)=12$,

$\therefore a=4$.

即所求的三个数为 $4-d,d,4+d$.

又 $\because (4-d)\times 4\times(4+d)=60$,

$\therefore d=\pm 1$.

因此所求的三个数为 3,4,5 或 5,4,3.

例 8-8 已知三个数成等差数列,和是 36,且第一个数与第三个数的乘积是 108,求这三个数.

解:根据三个数成等差数列,且和是 36,则可设这三个数为 $a-d,a,a+d,d$ 为公差.

$\because a-d+a+a+d=36$,

$\therefore a=12$.

即所求的三个数为 $12-d,12,12+d$.

又 $\because (12-d)\cdot(12+d)=108$,

$\therefore d=\pm 6$.

因此所求的三个数为 6,12,18 或 18,12,6.

8.2.2 等差中项

如果在 a 与 b 之间插入一个数 A,使 a、A、b 成等差数列,那么 A 叫做 a 与 b 的**等差中项**.

如果 A 是 a 与 b 的等差中项,那么 $A-a=b-A$,所以

$$\boxed{A=\frac{a+b}{2}}$$

例 8-9 求 $\frac{\sqrt{5}+\sqrt{2}}{2}$ 与 $\frac{\sqrt{5}-\sqrt{2}}{2}$ 的等差中项.

解:$A=\frac{1}{2}\times\left(\frac{\sqrt{5}+\sqrt{2}}{2}+\frac{\sqrt{5}-\sqrt{2}}{2}\right)=\frac{\sqrt{5}}{2}$.

例 8-10 在 8 与 20 之间插入一个数,使它与这两个数成等差数列,求插入的这个数.

解:设插入的数是 x,则

$x=\frac{8+20}{2}=14$.

$\therefore$ 插入的数是 14.

8.2.3 等差数列前 n 项和

本节讨论求等差数列的前 n 项和的问题.

要计算形状如图 8-1 所示的一堆钢管总数，也就是求下面 8 个数：5，6，7，8，9，10，11，12 的和. 当然依次相加可以算出它的结果，但是，如果层次很多，这样求和就非常麻烦. 现在我们设想在这堆钢管的旁边倒放着同样一堆钢管，如图 8-2 所示.

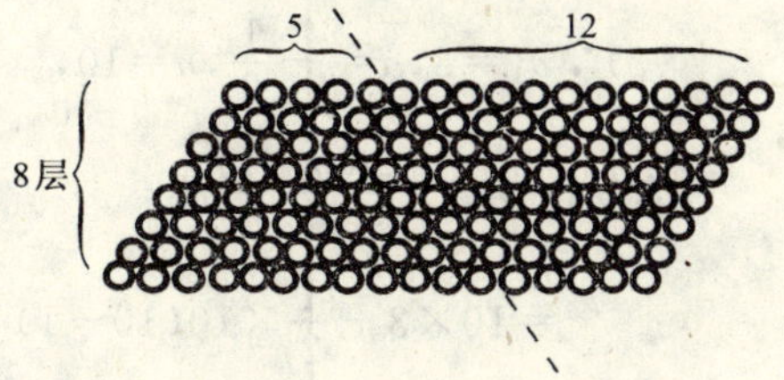

图 8-2

从图中可以看出每层的钢管数都相等，即

$$5+12=6+11=7+10=\cdots=12+5=17.$$

由于共有 8 层，两堆钢管的总数是 $(5+12)\times 8$，因此所求的钢管总数是

$$\frac{(5+12)\times 8}{2}=68.$$

通过上面的具体例子，我们从分析等差数列的公差出发，利用“消去中间项”的基本思想，找出求和的简单方法.

一般地，设等差数列 $a_1,a_2,a_3,\cdots,a_n,\cdots$，它的前 n 项的和是 S_n，

即 $S_n=a_1+a_2+a_3+\cdots+a_n$.

根据等差数列 $\{a_n\}$ 的通项公式，上式可以写成

$$S_n=a_1+(a_1+d)+(a_1+2d)+\cdots+[a_1+(n-1)d] \qquad (1)$$

把(1)中项的次序反过来，S_n 又可以写成

$$S_n=a_n+(a_n-d)+(a_n-2d)+\cdots+[a_n-(n-1)d] \qquad (2)$$

把(1)、(2)两式的两边分别相加，得

$$2S_n=\overbrace{(a_1+a_n)+(a_1+a_n)+(a_1+a_n)+\cdots+(a_1+a_n)}^{n\text{个}(a_1+a_n)}=n(a_1+a_n).$$

由此得到等差数列 $\{a_n\}$ 的**前 n 项和公式**

$$\boxed{S_n=\frac{n(a_1+a_n)}{2}}$$

由于 $a_n=a_1+(n-1)d$，所以 S_n 又可以用 a_1,d,n 表示成

$$\boxed{S_n=na_1+\frac{n(n-1)}{2}\cdot d}$$

上面两个求和公式给出了等差数列的 a_1,a_n,d,n,S_n 之间的关系. 并且知道其中的三个量就可以通过前 n 项和公式及通项公式求出另外两个量.

例 8-11 在等差数列 $\{a_n\}$ 中.

(1)已知 $a_1=3,a_{10}=-\frac{3}{2}$，求 S_{10}；

(2)已知 $a_1=3,d=-\frac{1}{2}$，求 S_{10}.

解:(1)$\because a_1=3, a_{10}=-\dfrac{3}{2}, n=10$,

$\therefore S_{10}=\dfrac{n(a_1+a_{10})}{2}=\dfrac{10}{2}\times(3-\dfrac{3}{2})=7\dfrac{1}{2}$.

(2)$\because a_1=3, d=-\dfrac{1}{2}, n=10$,

$$\begin{aligned}\therefore S_{10}&=na_1+\frac{n(n-1)}{2}d\\&=10\times3+\frac{1}{2}\times10(10-1)\times\left(-\frac{1}{2}\right)=7\frac{1}{2}.\end{aligned}$$

例 8-12 在等差数列$\{a_n\}$中,$d=2, a_n=1, S_n=-8$,求 n.

解:把 $d=2, a_n=1, S_n=-8$ 分别代入等差数列的通项公式和前 n 项和公式,得

$$\begin{cases}1=a_1+2(n-1) & (1)\\ -8=na_1+n(n-1) & (2)\end{cases}$$

由(1)得 $a_1=3-2n$. (3)

把(3)代入(2),并化简,得 $n^2-2n-8=0$.

$\therefore n=4, n=-2$.

由于项数不能是负整数,所以应把 $n=-2$ 舍去.

习题 8.2

1. 填空题

(1)已知等差数列 3,7,11,…,则 $a_{11}=$________;

(2)已知等差数列 11,6,1,…,则 $a_n=$________;

2. 在等差数列$\{a_n\}$中,已知三个量,将未知的量填入空格中:

量 题次	a_1	d	n	a_n
(1)		2	15	−10
(2)	5		26	105
(3)	−45	3		45
(4)	5.2	0.4	43	

3. 求下列各组数的等差中项:

(1)4 和 7; (2)$-12\dfrac{1}{3}$与$24\dfrac{3}{5}$; (3)$(a+b)^2$与$(a-b)^2$.

4. 在−2 和 22 之间插入三个数,使它们与这两个数成等差数列,求这三个数.

5. 填空题(根据下列等差数列$\{a_n\}$的条件,写出相应的 S_n);

(1)$a_1=5, a_{10}=95, S_{10}=$________;

(2)$a_1=100, d=-2, S_{50}=$________;

6. 在等差数列$\{a_n\}$中,已知三个量,将未知的量填入空格中:

题次 \ 量	a_1	d	n	a_n	S_n
(1)	3	2		21	
(2)		4	26	105	
(3)		2.5		39.5	330
(4)	−28		9		0

8.3　等比数列

8.3.1　等比数列及其通项公式

我们来观察下面数列排列次序的特点：

(1)2,4,8,16,32；

(2)1,−3,9,−27,81,….

可以看出：从第2项起，数列(1)的每一项和它前一项的比都等于2，数列(2)的每一项和它前一项的比都等于−3.

总之，每个数列，从第2项起，每一项与它前一项的比都等于同一个常数.

一般地，如果一个数列

$$a_1,a_2,a_3,\cdots,a_n,\cdots,$$

从第2项起，每一项与它前一项的比都等于同一个非零常数 q，即

$$\frac{a_2}{a_1}=\frac{a_3}{a_2}=\frac{a_4}{a_3}=\cdots=\frac{a_n}{a_{n-1}}=\cdots=q,$$

那么，这个数列就叫做等比数列，常数 q 叫做等比数列的公比.

如果一个数列 $a_1,a_2,a_3,\cdots,a_n,\cdots$ 是等比数列，它的公比是 q，那么

$a_2=a_1q$,

$a_3=a_2q=(a_1q)q=a_1q^2$,

$a_4=a_3q=(a_1q^2)q=a_1q^3$,

$a_5=a_4q=(a_1q^3)q=a_1q^4$,

….

由此可知等比数列 $\{a_n\}$ 的通项公式是

$$\boxed{a_n=a_1q^{n-1}}$$

上面的通项公式给出了等比数列中 a_1,a_n,q 和 n 之间的关系. 知道其中的三个量，就可以求出另一个量.

例 8-13　求出下列等比数列的公比和通项公式：

(1)1,−1,1,−1,…；　　(2)3,3,3,3,…；

(3)$1,\frac{1}{3},\frac{1}{9},\frac{1}{27},\cdots$；　　(4)$-\frac{1}{2},1,-2,4,\cdots$.

解：(1)中数列公比 $q=-1$，通项公式是 $a_n=(-1)^{n-1}$；

(2)中数列公比 $q=1$,通项公式是 $a_n=3$;

(3)中数列公比 $q=\frac{1}{3}$,通项公式是 $a_n=\left(\frac{1}{3}\right)^{n-1}=\frac{1}{3^{n-1}}$;

(4)中数列公比 $q=-2$,通项公式是 $a_n=\left(-\frac{1}{2}\right)(-2)^{n-1}=(-2)^{n-2}$.

例 8-14 已知等比数列的首项是-5,公比是-2,求它的第 6 项.

解:$\because a_1=-5,q=-2,n=6$,

$\therefore a_6=a_1q^{6-1}=(-5)\times(-2)^5=160$.

例 8-15 一个等比数列的第 3 项为 45,第 4 项为-135,求它的首项.

解:$\because a_3=45,a_4=-135$,

$\therefore$公比 $q=\frac{a_4}{a_3}=-3$.

$\because a_3=a_1q^{3-1}$,即 $45=a_1(-3)^2$,

$\therefore a_1=5$.

例 8-16 根据下列条件,分别求出等比数列的公比 q:

(1)$a_1=-2,a_5=-32$; (2)$a_1=-2,a_6=64$.

解:(1)$\because a_1=-2,a_5=-32$,

$\therefore(-2)\cdot q^{5-1}=-32$. 即 $q^4=16$.

$\therefore q=\pm2$.

(2)$\because a_1=-2,a_6=64$,

$\therefore(-2)\cdot q^{6-1}=64$. 即 $q^5=-32$.

$\therefore q=-2$.

说明:在实数范围内,当项序号 n 是偶数时,q 有一解;当项序号 n 是奇数时,q 有两解.

例 8-17 如果成等比数列的三个数和为 7,乘积为 8,求这三个数.

解法 1:设这三个数依次为 x,y,z.

根据题意,有
$$\begin{cases}y^2=xz & (1)\\ x+y+z=7 & (2)\\ xyz=8 & (3)\end{cases}$$

把(1)代入(3),得 $y^3=8\therefore y=2$.

把 $y=2$ 分别代入(2),(1),得$\begin{cases}x+z=5,\\ xz=4.\end{cases}$

由$\begin{cases}x+z=5\\ xz=4\end{cases}$,得$\begin{cases}x=1\\ z=4\end{cases}$或$\begin{cases}x=4\\ z=1\end{cases}$.

$\therefore$所求的三个数为 1,2,4 或 4,2,1.

解法 2:因为三个数成等比数列,故可设三个数为$\frac{a}{q}$,a,aq(q 为公比). 那么由已知条件,有

$$\frac{a}{q}\cdot a\cdot aq=8.$$

所以 $a^3=8$，得 $a=2$.

即所求的三个数为 $\frac{2}{q}$，2，$2q$.

于是有 $\frac{2}{q}+2+2q=7$，即 $2q^2-5q+2=0$.

解之，得 $q=2$ 或 $q=\frac{1}{2}$.

∴所求的三个数为1，2，4或4，2，1.

例 8-18 已知三个数成等比数列，积是64，如果第三个数减去2，且不改变顺序，则成等差数列，求原来的三个数.

解：根据三个数成等比数列，且积是64，则可设这三个数为 $\frac{a}{q}$，a，aq（q 为公比）.

∵ $\frac{a}{q}\cdot a\cdot aq=64$，

∴ $a=4$.

即所求的三个数为 $\frac{4}{q}$，4，$4q$.

∵ $\frac{4}{q}$，4，$4q-2$ 成等差数列，

∴ $\frac{4}{q}+4q-2=8$.

∴ $q=2$ 或 $\frac{1}{2}$.

因此所求的三个数为2，4，8或8，4，2.

8.3.2 等比中项

如果 a 与 b 之间插入一个数 G，使 a、G、b 成等比数列，那么 G 叫做 a 与 b 的**等比中项**.

如果 G 是 a 与 b 的等比中项，那么

$\frac{G}{a}=\frac{b}{G}$，即 $G^2=ab$.

因此

$$\boxed{G=\pm\sqrt{ab}\,(ab>0)}$$

例 8-19 在9和4之间插入一个数，使它和这两个数成等比数列，求插入的这个数.

解：设插入的数是 x，则

$x=\pm\sqrt{9\times 4}=\pm 6$.

∴插入的数是 ± 6.

例 8-20 在81和1之间插入三个正数，使它们与这两个数成等比数列.

解：设插入的三个正数为 x，y，z，则81，x，y，z，1成等比数列.

因为 y 是81和1的等比中项，且 y 是正数，

所以 $y=\sqrt{81\times 1}=9$.

又因为 x 是81和 y 的等比中项，z 是 y 和1的等比中项，且 x，z 均为正数，

所以 $x=\sqrt{81\times9}=27, z=\sqrt{9\times1}=3$,

因此所求的三个数是 27,9,3.

8.3.3 等比数列前 n 项和

本节讨论求等比数列前 n 项和的问题.

设等比数列为 $a_1, a_2, a_3, \cdots, a_n, \cdots$,

它的前 n 项和为 S_n,即 $S_n=a_1+a_2+a_3+\cdots+a_n$.

根据等比数列的通项公式,等比数列前 n 项的和可写成

$$S_n=a_1+a_1q+a_1q^2+\cdots+a_1q^{n-2}+a_1q^{n-1}. \tag{1}$$

现将(1)式两边分别乘以公比 q,得

$$qS_n=a_1q+a_1q^2+a_1q^3+\cdots+a_1q^{n-1}+a_1q^n. \tag{2}$$

观察(1)和(2),可以看出,(1)的右边从第 2 项到最后一项,与(2)的右边从第 1 项到倒数第 2 项完全相同,于是,(1)式两边分别减去(2)式两边,得

$$(1-q)S_n=a_1-a_1q^n.$$

由此得到,当 $q\neq1$ 时,等比数列 $\{a_n\}$ 的**前 n 项和公式**

$$\boldsymbol{S_n=\frac{a_1(1-q^n)}{1-q}\,(q\neq1)}$$

$\because a_1q^n=(a_1q^{n-1})q=a_nq$,

$\therefore S_n$ 还可以用 a_1、q、a_n 表示成

$$\boldsymbol{S_n=\frac{a_1-a_nq}{1-q}\,(q\neq1)}$$

当 $q=1$ 时,$S_n=na_1$.

上面两个求和公式给出了等比数列中 a_1, a_n, q, n, S_n 之间的关系. 并且知道其中的三个量就可以通过前 n 项和公式及通项公式求出另外两个量.

例 8-21 求等比数列 $1, \frac{1}{3}, \frac{1}{9}, \cdots$ 的前 8 项的和.

解:$\because a_1=1, q=\frac{1}{3}, n=8$,

$$\therefore S_8=\frac{1-(\frac{1}{3})^8}{1-\frac{1}{3}}=\frac{3280}{2187}.$$

例 8-22 已知等比数列前 5 项的和是 242,公比是 3,求它的前 5 项.

解:$\because S_5=242, q=3, n=5$,

由 $S_5=\frac{a_1(1-q^5)}{1-q}$,得 $242=\frac{a_1(1-3^5)}{1-3}$.

$\therefore 121a_1=242$.

$\therefore a_1=2$.

所以这个数列的前 5 项为 2,6,18,54,162.

8.3.4 数列的应用

在实际中,有很多实际问题都可以化为数列的问题,然后用数列的有关知识求解.

例 8-23 某人在银行参加每月 10 元的零存整取储蓄,月利率是按单利 0.5%计算,问 12 个月的本利合计是多少?(单利是指如果储蓄时间超过单位时间,利息不计入本金,就是说对上一单位时间给予的利息不再支付利息,这种计利的方式就称为单利)

解:$\because a_1=10+10\times\frac{0.5}{100}\times 12=10.60, a_{12}=10+10\times\frac{0.5}{100}\times 1=10.05$,

$\therefore S_{12}=\frac{n(a_1+a_{12})}{2}=(10.60+10.05)\times 6=123.90$(元).

答:12 个月的本利合计是 123.90 元.

例 8-24 某汽车制造厂今年生产汽车 10 万辆,如果平均每年的产量比上一年增长 10%,那么从今年起,几年内可以使总产量达到 60 万辆?(结果保留到个位)(lg1.6=0.2041,lg1.1=0.0414)

解:由题意可知,这个汽车厂从今年起,平均每年的产量(万辆)组成一个等比数列,其中 $a_1=10, q=1+10\%=1.1, S_n=60$,

于是得到$\frac{10\times(1-1.1^n)}{1-1.1}=60$.

整理,得 $1.1^n=1.6$.

两边取对数,得 $n\lg 1.1=\lg 1.6$.

$\therefore n=\frac{\lg 1.6}{\lg 1.1}=\frac{0.2041}{0.0414}\approx 5$.

答:5 年内可使汽车的总产量达到 60 万辆.

习题 8.3

1. 填空题(求下列各等比数列的公比):

(1)2,−6,18,…, 则 $q=$______;

(2)−0.2,0.1,−0.05,…, 则 $q=$______;

(3)$\frac{\sqrt{2}}{2},-\frac{1}{2},\frac{\sqrt{2}}{4},\cdots$, 则 $q=$______;

2. 在等比数列$\{a_n\}$中,已知三个量,将未知的量填入空格中:

题次 \ 量	a_1	q	n	a_n
(1)		$-\frac{1}{3}$	9	$\frac{4}{9}$
(2)	$\frac{2}{3}$		5	54
(3)	1	2		64
(4)	$\frac{2}{3}$	$\frac{3}{4}$	5	

3. 求下列各组数的等比中项：

(1) -80 与 -45；　　　　(2) $\sqrt{3}+\sqrt{2}$ 与 $\sqrt{3}-\sqrt{2}$.

4. 在 1 和 36 之间插入三个正数，使它们与这两个数成等比数列，求这三个数.

5. 根据下列各组条件，写出相应的等比数列的 S_n：

(1) $a_1=-6, q=-2$，则 $S_6=$______；

(2) $a_1=4.8, q=-0.2$，则 $S_5=$______；

6. 在等比数列 $\{a_n\}$ 中，已知三个量，将未知的量填入空格中：

量 / 题次	a_1	q	n	a_n	S_n
(1)		$-\frac{1}{2}$	10	7	
(2)	1.5		4	96	
(3)	3	$\frac{1}{2}$		$\frac{3}{64}$	
(4)	1			-512	-341
(5)	-27	$-\frac{1}{3}$			-20

7. 梯子的最高一级宽 30 cm，最低一级宽 90 cm，中间还有 9 级，各级的宽度成等差数列，计算中间各级的宽.

8. 已知一个直角三角形的三条边的长成等差数列，求证它们的比是 3 : 4 : 5.

9. 某多边形的周长是 204 cm，所有各边的长成等差数列，最大的边长是 44 cm，最小的边长是 24 cm，求多边形的边数.

10. 在 160 与 5 之间插入四个数，使六个数成等比数列，求插入的这四个数.

8.4　数列极限

8.4.1　数列极限的描述性定义

早在公元 3 世纪，我国杰出的数学家刘徽在“割圆求周”的过程中，就创立并使用了极限的思想和方法，因为圆周是一条封闭曲线，所以首先要搞清，何谓圆的周长. 我们知道，任何未知的新概念都必须建立在已知概念的基础上. 刘徽为了定义圆的周长，发明了“割圆术”：在给定的圆中，首先做内接正六边形，再平分每个边所对的弧做圆内接正十二边形，用同样的方法，继续做下去(图 8-3)，就相继得到圆的内接正 24，48，96 边形，等等. 显然，不论边数怎样多，圆内接多边形都是直线形，直线形的周长我们可以计算，因而是已知概念. 那么如何用这无限多的已知圆内接正多边形的周长来定义圆的周长呢？刘徽说：“割之弥细，所失弥少，割之又割，以至于不可割，则与圆合体而无所失矣.”这句话的意思是，圆的内接正多边形的边数越多，圆的内接正多边形就越接近圆周，当边数无限增加时，这无限个圆的内接正多边形的极限位置则与圆合体. 此时，不难想象这无限个已知的圆内接正多边形的周长所组成的数列无限趋近于一个常数 l. 于

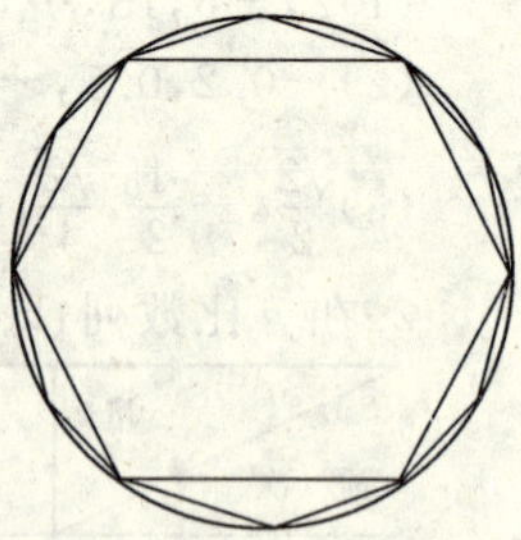

图 8-3

是我们认为 l 就应该是圆的周长.

上述过程,如果把无限个已知的圆内接正多边形的周长数抽出来依次排成一列,就得到一个无穷数列,记做$\{l_n\}$,列表如下:

边　　数	6	12	24	48	…	$2^n\cdot 3$	…
次　　数	1	2	3	4	…	n	…
圆内接多边形周长	l_1	l_2	l_3	l_4	…	l_n	…

刘徽"割圆求周"的过程,给我们提供了一个重要的数学思想和方法.虽然每一个圆的内接正多边形的周长都是不同的,而且都是圆的周长的近似值,但是,从无限个圆内接正多边形的变化趋势来看,却明显有这样一个事实,即当 n 无限增大时,圆的内接正多边形的周长无限趋近于圆的周长.而圆的周长是客观存在的.

我们把当 n 无限增大时,圆的内接正多边形的周长的极限称为圆的周长.

对于数列$\{l_n\}$来说,虽然数列$\{l_n\}$的项问题随着 n 的变化而变化,而且都不等于圆的周长数 l,但是数列的项在 n 无限增大时,无限地趋近于一个(而不是两个或多个)确定的常数 l,我们称这个常数 l 就是数列$\{l_n\}$的极限.

由此看来,极限的实质是一个常数,如果数列$\{l_n\}$在无限的变化过程中,和这个常数的差越来越接近于0,这个常数就是数列$\{l_n\}$的极限.对于一个有极限的数列来说,其极限是惟一的,因此极限是一个精确值.一般地,我们对数列的极限可以这样描述:

如果当 n 无限增大时,数列$\{a_n\}$无限趋近于一个确定的常数 A,那么 A 就叫做数列$\{a_n\}$的极限,记为

$$\lim_{n\to\infty} a_n = A.$$

有时也可记为当 $n\to\infty$ 时,$a_n\to A$.

因此,数列$\{l_n\}$的极限是 l,可记为 $\lim\limits_{n\to\infty} l_n = l$.

想一想

去掉数列$\{l_n\}$前面的有限项,是否会影响这个数列的极限?

例 8-25 考察下列数列的变化趋势,写出它们的极限:

(1)$a_n=\dfrac{1}{n}$;　　　　(2)$a_n=\dfrac{n+(-1)^{n-1}}{n}$;

(3)$a_n=\dfrac{1}{2^n}$;　　　　(4)$a_n=-4$.

解:(1)列表,观察数列的变化趋势:

n	1	2	3	4	5	6	…
$a_n=\dfrac{1}{n}$	1	$\dfrac{1}{2}$	$\dfrac{1}{3}$	$\dfrac{1}{4}$	$\dfrac{1}{5}$	$\dfrac{1}{6}$	…

将这个数列的前几项分别在数轴上表示出来(图 8-4):

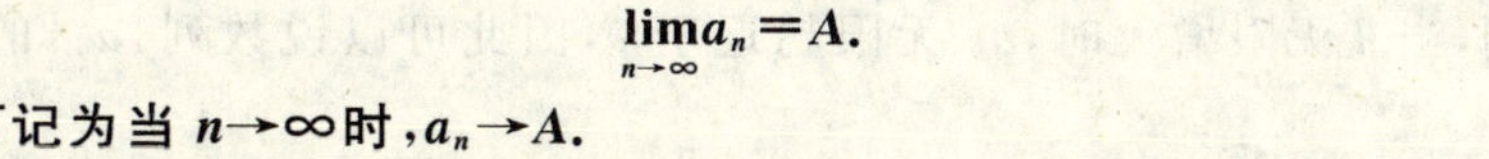

图 8-4

我们看到，当 n 无限增大时，a_n 无限趋近于 0，因此可以说数列 $\{a_n\}$ 的极限是 0，即 $\lim\limits_{n\to\infty}\frac{1}{n}=0$.

(2)列表，观察数列的变化趋势：

n	1	2	3	4	5	6	…
$a_n=\frac{n+(-1)^{n-1}}{n}$	1	$\frac{1}{2}$	$\frac{4}{3}$	$\frac{3}{4}$	$\frac{6}{5}$	$\frac{5}{6}$	…

请同学们把这个数列的前几项分别在数轴上表示出来(图 8-5)：

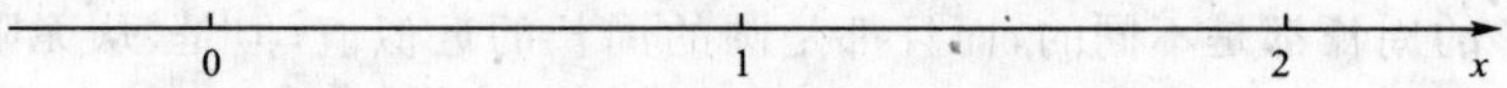

图 8-5

可以看到，当 n 无限增大时，a_n 无限趋近于 1，因此可以说数列 $\{a_n\}$ 的极限是 1，即 $\lim\limits_{n\to\infty}\frac{n+(-1)^{n-1}}{n}=1$.

(3)列表，观察数列的变化趋势：

n	1	2	3	4	5	6	…
$a_n=\frac{1}{2^n}$	$\frac{1}{2}$	$\frac{1}{4}$	$\frac{1}{8}$	$\frac{1}{16}$	$\frac{1}{32}$	$\frac{1}{64}$	…

请同学们把这个数列的前几项分别在数轴上表示出来(图 8-6)：

图 8-6

可以看到，当 n 无限增大时，a_n 无限趋近于 0，因此可以说数列 $\{a_n\}$ 的极限是 0，即 $\lim\limits_{n\to\infty}\frac{1}{2^n}=0$.

(4)这个数列的各项都是 -4，因此可以说数列 $\{a_n\}$ 的极限是 -4，即

$$\lim_{n\to\infty}(-4)=-4$$

一般地，任何一个常数列的极限都是这个常数本身，即

$$\lim_{n\to\infty}C=C(C\text{ 为常数})$$

最后，需要指出，不是任何数列都有极限.

例如，数列 $a_n=2n$，当 n 无限增大时，a_n 也无限增大，但不能无限趋近于一个确定的常数，所以这个数列没有极限.

又如，数列 $a_n=(-1)^n$，当 n 无限增大时，a_n 在 1 与 -1 两个数上来回跳动，不能无限趋近于一个确定的常数，所以这个数列也没有极限.

对于没有极限的数列，也说数列的极限不存在.

8.4.2 数列极限的四则运算

上一节，我们介绍了数列极限的描述性定义，并用观察的方法求出了一些简单数列的极限. 例如，

$$\lim_{n\to\infty}\frac{1}{n}=0,\qquad \lim_{n\to\infty}\frac{1}{2^n}=0,\qquad \lim_{n\to\infty}C=C.$$

对于较复杂的数列的极限仍用观察法去求就比较困难. 因此下面给出数列极限的四则运算法则,利用这些法则来计算数列极限.

> **如果 $\lim\limits_{n\to\infty}a_n=A$, $\lim\limits_{n\to\infty}b_n=B$, 那么**
>
> **1.** $\lim\limits_{n\to\infty}(a_n\pm b_n)=\lim\limits_{n\to\infty}a_n\pm\lim\limits_{n\to\infty}b_n=A\pm B$
>
> **2.** $\lim\limits_{n\to\infty}(Ca_n)=C\lim\limits_{n\to\infty}a_n=C\cdot A$ **(C 为常数)**
>
> **3.** $\lim\limits_{n\to\infty}(a_n\cdot b_n)=\lim\limits_{n\to\infty}a_n\cdot\lim\limits_{n\to\infty}b_n=A\cdot B$
>
> **4.** $\lim\limits_{n\to\infty}\dfrac{a_n}{b_n}=\dfrac{\lim\limits_{n\to\infty}a_n}{\lim\limits_{n\to\infty}b_n}=\dfrac{A}{B}\ (B\neq0)$

例 8-26 已知 $\lim\limits_{n\to\infty}a_n=7$, $\lim\limits_{n\to\infty}b_n=4$, 求 $\lim\limits_{n\to\infty}\left(2a_n+\dfrac{8}{b_n}\right)$.

解: 原式 $=\lim\limits_{n\to\infty}(2a_n)+\lim\limits_{n\to\infty}\dfrac{8}{b_n}=2\lim\limits_{n\to\infty}a_n+\dfrac{8}{\lim\limits_{n\to\infty}b_n}=2\times7+\dfrac{8}{4}=16$.

例 8-27 求下列极限:

(1) $\lim\limits_{n\to\infty}\left(4+\dfrac{1}{n}+\dfrac{3}{n^2}\right)$;　　(2) $\lim\limits_{n\to\infty}\left(\dfrac{5}{n\cdot2^n}\right)$;

(3) $\lim\limits_{n\to\infty}\dfrac{3n-3}{n-2}$;　　(4) $\lim\limits_{n\to\infty}\dfrac{n^2+n+1}{n^3-1}$.

分析: 本题在计算中除了要运用数列极限的四则运算法则之外,还用到了几个简单数列极限的结果. 即 $\lim\limits_{n\to\infty}\dfrac{1}{n}=0$, $\lim\limits_{n\to\infty}\dfrac{1}{2^n}=0$, $\lim\limits_{n\to\infty}C=C$, 因此,有必要记住这几个结果,以便在计算中使用.

解: (1) 原式 $=\lim\limits_{n\to\infty}4+\lim\limits_{n\to\infty}\dfrac{1}{n}+3\lim\limits_{n\to\infty}\dfrac{1}{n}\cdot\lim\limits_{n\to\infty}\dfrac{1}{n}=4+0+3\times0\times0=4$;

(2) 原式 $=5\cdot\lim\limits_{n\to\infty}\dfrac{1}{n}\cdot\lim\limits_{n\to\infty}\dfrac{1}{2^n}=5\times0\times0=0$;

(3) 原式 $=\lim\limits_{n\to\infty}\dfrac{3-\dfrac{3}{n}}{1-\dfrac{2}{n}}=\dfrac{\lim\limits_{n\to\infty}\left(3-\dfrac{3}{n}\right)}{\lim\limits_{n\to\infty}\left(1-\dfrac{2}{n}\right)}=\dfrac{\lim\limits_{n\to\infty}3-3\lim\limits_{n\to\infty}\dfrac{1}{n}}{\lim\limits_{n\to\infty}1-2\lim\limits_{n\to\infty}\dfrac{1}{n}}=\dfrac{3-3\times0}{1-2\times0}=3$.

(4) 原式 $=\lim\limits_{n\to\infty}\dfrac{\dfrac{1}{n}+\dfrac{1}{n^2}+\dfrac{1}{n^3}}{1-\dfrac{1}{n^3}}=\dfrac{\lim\limits_{n\to\infty}\left(\dfrac{1}{n}+\dfrac{1}{n^2}+\dfrac{1}{n^3}\right)}{\lim\limits_{n\to\infty}\left(1-\dfrac{1}{n^3}\right)}=\dfrac{\lim\limits_{n\to\infty}\dfrac{1}{n}+\lim\limits_{n\to\infty}\dfrac{1}{n^2}+\lim\limits_{n\to\infty}\dfrac{1}{n^3}}{\lim\limits_{n\to\infty}1-\lim\limits_{n\to\infty}\dfrac{1}{n^3}}=\dfrac{0+0+0}{1-0}=0$.

例 8-28 已知等比数列 $\dfrac{1}{2},\dfrac{1}{4},\dfrac{1}{8},\cdots,\dfrac{1}{2^n},\cdots$. 求这个数列前 n 项和当 $n\to\infty$ 时的极限.

解: 在数列中, $a_1=\dfrac{1}{2}$, $q=\dfrac{1}{2}$,

则 $S_n=\dfrac{a_1(1-q^n)}{1-q}=\dfrac{\dfrac{1}{2}\left[1-\left(\dfrac{1}{2}\right)^n\right]}{1-\dfrac{1}{2}}=1-\dfrac{1}{2^n}$.

$\therefore \lim\limits_{n\to\infty}S_n=\lim\limits_{n\to\infty}\left(1-\frac{1}{2^n}\right)=1-\lim\limits_{n\to\infty}\frac{1}{2^n}=1-0=1.$

一般地，等比数列 $a_1, a_1q, a_1q^2, \cdots, a_1q^{n-1}, \cdots$，当 $|q|<1$ 时，称为无穷递缩等比数列. 它的前 n 项和 S_n 当 $n\to\infty$ 时的极限，叫做无穷等比数列各项的和，用 S 表示.

$\because \lim\limits_{n\to\infty}S_n=\lim\limits_{n\to\infty}\frac{a_1(1-q^n)}{1-q}=\frac{\lim\limits_{n\to\infty}a_1-\lim\limits_{n\to\infty}a_1q^n}{\lim\limits_{n\to\infty}(1-q)}=\frac{a_1}{1-q}(|q|<1).$

$\therefore S=\frac{a_1}{1-q}(|q|<1).$

例 8-29 将下列循环小数化成分数：

(1)$0.\dot{3}$； (2)$0.3\dot{2}\dot{1}$.

解：(1)$0.\dot{3}=0.333\cdots=0.3+0.03+0.003+\cdots=\frac{0.3}{1-0.1}=\frac{1}{3}$；

(2)$0.3\dot{2}\dot{1}=0.3+0.021+0.00021+0.0000021+\cdots$

$=0.3+\frac{0.021}{1-0.01}=0.3+\frac{7}{330}=\frac{53}{165}.$

习题 8.4

1. 考察并确定下面数列的极限：

(1)$a_n=1-\frac{1}{n^3}$； (2)$a_n=(-1)^{n-1}\cdot\frac{1}{n}$；

(3)$a_n=\frac{n}{n+1}$； (4)$a_n=(-1)^n\cdot\frac{1}{3^n}$.

2. 已知 $\lim\limits_{n\to\infty}a_n=2$，$\lim\limits_{n\to\infty}b_n=-\frac{1}{2}$，求：

(1)$\lim\limits_{n\to\infty}(3a_n-2b_n)$； (2)$\lim\limits_{n\to\infty}\left(\frac{a_n}{3}+\frac{2}{b_n}\right)$.

3. 求下列极限：

(1)$\lim\limits_{n\to\infty}\frac{5n+3}{n}$； (2)$\lim\limits_{n\to\infty}\left(2-\frac{1}{10^n}\right)$； (3)$\lim\limits_{n\to\infty}\frac{n^3+5}{2n^3+n^2+1}$； (4)$\lim\limits_{n\to\infty}\frac{3^n-6}{4\cdot 3^n-1}$.

4. 将下列循环小数化成分数：

(1)$0.\dot{6}$； (2)$2.1\dot{2}\dot{8}$.

5. 求下列数列的极限：

(1)(1)$a_n=\frac{1}{n}$； (2)$a_n=\frac{1}{n+4}$；

(3)$a_n=\frac{n-1}{n}$； (4)$a_n=\frac{n+3}{-n+1}$.

复习题八

1. 根据下列通项公式，写出数列的前 5 项与第 20 项：

(1) $a_n=\dfrac{n^2-1}{n^2+1}$；　　(2) $a_n=n^n$.

2. 写出下面各数列的一个通项公式，使它的前 4 项分别是下列各数：

(1) $-\dfrac{3}{2},\dfrac{6}{3},-\dfrac{9}{4},\dfrac{12}{5},\cdots$；　　(2) $-\dfrac{1}{2\times1},\dfrac{1}{2\times2},-\dfrac{1}{2\times3},\dfrac{1}{2\times4},\cdots$；

(3) $\sqrt{2},-\sqrt{3},\sqrt{4},-\sqrt{5},\cdots$；　　(4) $0,2,4,6,\cdots$.

3. 求等差数列 $6,3\dfrac{1}{2},1,\cdots$ 的第 12 项.

4. 一个等差数列的第 3 项是 9，第 9 项是 3，求它的第 12 项.

5. 三个数成等差数列，它们的和等于 9，它们的平方和等于 35，求这三个数.

6. 在 5 与 160 之间插入四个数，使它们和这两个数成等比数列，求这四个数.

7. 三个数成等比数列，它们的和是 38，它们的积是 1738，求这三个数.

8. 有三个正数成等差数列，它们的和为 15. 如果把这三个数依次加上 1，3，9，则成等比数列，求这三个数.

9. 观察下列数列当 $n\to\infty$ 时的变化趋势，并写出它们的极限：

(1) $a_n=\dfrac{n}{n-1}$；　　(2) $a_n=1-10^{-n}$.

10. 已知 $\lim\limits_{n\to\infty}a_n=\dfrac{1}{3}$，$\lim\limits_{n\to\infty}b_n=-\dfrac{1}{4}$，求下列各极限：

(1) $\lim\limits_{n\to\infty}(6a_n+2b_n)$；　　(2) $\lim\limits_{n\to\infty}\dfrac{a_n-b_n}{a_n}$.

11. 计算下列极限：

(1) $\lim\limits_{n\to\infty}\left(\dfrac{3}{n^2}+\dfrac{1}{n}-5\right)$；　　(2) $\lim\limits_{n\to\infty}\left(1+\dfrac{2n}{n+2}\right)$；　　(3) $\lim\limits_{n\to\infty}\dfrac{(n+1)^2}{n^2-9}$；

(4) $\lim\limits_{n\to\infty}\dfrac{3n^3-2n+1}{8+n^4}$；　　(5) $\lim\limits_{n\to\infty}\dfrac{1+2+3+\cdots+n}{n^2}$.

12. 求下列无穷等比数列各项的和：

(1) $\dfrac{8}{9},-\dfrac{2}{3},\dfrac{1}{2},-\dfrac{3}{8},\cdots$，　　(2) $\dfrac{\sqrt{3}+1}{\sqrt{3}-1},1,\dfrac{\sqrt{3}-1}{\sqrt{3}+1},\cdots$.

13. 无穷等比数列的各项和为 6，首项为 4，求公比 q.

14. 把下列各循环小数化成分数：

(1) $0.\dot{3}$；　　(2) $0.\dot{7}1\dot{2}$.

第9章

排列与组合、二项式定理、概率初步

随着计算机技术的迅猛发展，排列组合知识的应用日趋广泛. 本章将首先介绍两个基本计数原理，然后讨论排列、组合的概念和性质，最后运用计数方法推导出二项式定理. 概率论是一门重要的数学分支，它在工农业生产和科学技术研究中有着广泛的应用. 本章介绍了概率论的基本知识.

9.1 两个基本原理

9.1.1 加法原理

先看一个例子.

某学校的阅览室中有科普类的杂志30种，文艺类的杂志50种. 现从中任选一种杂志，有多少种不同的选法?

从阅览室中任选一种杂志的方法可以分成两类：一类是从科普类的杂志中任选一种，另一类是从文艺类的杂志中任选一种. 由于科普类的杂志有30种，因此从中任选一种杂志有30种不同选法. 同理，从文艺类的杂志中任选一种有50种不同选法. 从这两类杂志中任选一种的方法共有

$$30+50=80(\text{种}).$$

一般地，有如下**加法原理**.

完成一件事，有 k 类方法，第1类有 m_1 种不同方法，第2类有 m_2 种不同方法，……，第 k 类有 m_k 种不同方法. 任选一种方法，此事即能完成，那么，完成这件事不同的方法种数为

$$\boxed{N=m_1+m_2+\cdots+m_k} \qquad (9\text{-}1)$$

例 9-1 一个袋子里装有36个苹果，另一个袋子里装有52个桔子. 现从中任取一个水果，有多少种不同的取法?

解：任取一个水果的方法可以分成两类：一类是从装苹果的袋子里任取一个，另一类是从装桔子的袋子里任取一个. 由于有36个苹果，因此，从装苹果的袋子里任取一个的方法有36种. 同理，从装桔子的袋子里任取一个的方法有52种. 根据分类计数原理，不同的取法一共有

$$N=36+52=88(\text{种}).$$

例 9-2 从甲地到乙地，有三类交通工具可供选择，其中火车每日三班，汽车每日四班，轮船每日两班. 在一天中从甲地去乙地，共有多少种不同的走法(图 9-1)?

解:从甲地去乙地的走法种数按交通工具选择的不同可以分成三类:第一类，乘火车有 3 种走法;第二类，乘汽车有 4 种走法;第三类，乘轮船有 2 种走法，根据分类计数原理，一天中乘坐这些交通工具从甲地到乙地共有不同的走法

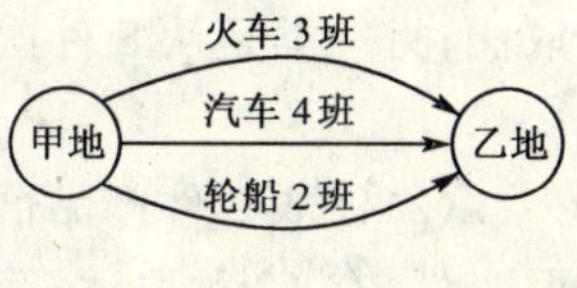

图 9-1

$$N=3+4+2=9(\text{种}).$$

9.1.2 乘法原理

某学校的阅览室中有科普类的杂志 30 种，文艺类的杂志 50 种，现从中任选一种科普类的杂志和一种文艺类的杂志，有多少种不同的选法?

从阅览室中任选一种科普类的杂志和一种文艺类的杂志可以分两步来完成:第一步，从 30 种科普类杂志中任选一种，有 30 种不同的选法;第二步，从 50 种文艺类杂志中任选一种，有 50 种不同的选法，即，第一步每选出一种科普类的杂志后，第二步再选一种文艺类杂志都有 50 种不同的选择. 所以，总的选法种数为

$$30\times 50=150(\text{种}).$$

这个例子给出了另一个计数原理，即乘法原理.

完成一件事，有 k 个步骤，完成第 1 步有 n_1 种方法，完成第 2 步有 n_2 种方法，……，完成第 k 步有 n_k 种方法，依次完成这 k 个步骤，此事才能完成，那么，完成这件事不同的方法种数为:

$$\boxed{N=n_1\times n_2\times\cdots\times n_k} \qquad (9\text{-}2)$$

例 9-3 某学校二年级机械制造与控制专业有两个班，1 班有 38 名同学，2 班有 40 名同学，现从每个班级中各选一名同学参加计算机竞赛，有多少种不同的选法?

解:从每个班级中各选一名同学参加计算机竞赛，可以分两步完成:第一步从机械制造与控制 1 班中挑选一名同学，有 38 种方法;第二步从机械制造与控制 2 班中挑选一名同学，有 40 种方法. 根据分步计数原理，不同的选法种数为

$$N=38\times 40=1\,520(\text{种}).$$

例 9-4 从甲地去丙地，中间必须经过乙地，已知从甲地到乙地有 3 条路径，从乙地到丙地有 2 条路径(图 9-2)，问从甲地到丙地共有多少种不同的走法?

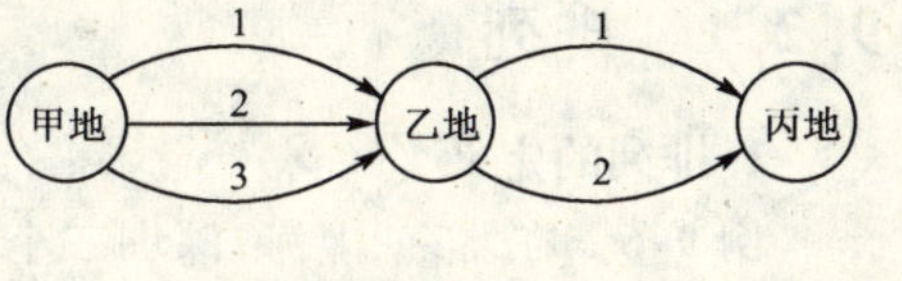

图 9-2

解:从甲地去丙地必须分成两步，第一步:从甲地到乙地，有 3 种不同的走法;第二步:从乙地到丙地，有 2 种不同的走法. 根据分步计数原理，不同的走法共有

$$N=3\times 2=6(\text{种}).$$

例 9-5 一批产品中有 42 件为合格品，8 件为次品.

(1)从中任取 1 件来检验,有多少种不同的取法?

(2)从中任取 2 件来检验,恰有一件是合格品的取法种类是多少?

解:(1)取一件产品的方法可以分成两类:一类是从 42 件合格品中任取一件,有 42 种取法;另一类是从 8 件次品中任取一件,有 8 种取法.根据分类计数原理,不同的取法共有

$$N=42+8=50(\text{种}).$$

(2)任取 2 件产品恰有一件是合格品可以分两步来完成:第一步从 42 件合格品中任取一件,有 42 种取法;第二步从 8 件次品中任取一件,有 8 种取法.根据分步计数原理,恰有一件是合格品的取法共有

$$N=42\times8=336(\text{种}).$$

如何确定计数的对象是需要分类还是需要分步来完成,这是正确使用两个基本原理的关键.

习题 9.1

1.加工某零件有三种方法,会第一种方法的有 6 人,会第二种方法的有 8 人,会第三种方法的有 10 人,现在要选出一人完成该零件的加工任务,有多少种选法?

2.加工某零件需经过三道工序才能完成,做一道工序的有 2 人,做第二道工序的有 3 人,做第三道工序的有 8 人,如果每道工序各选出一人来完成该零件的加工任务,有多少种选法?

3.书架上有 5 本数学书,3 本物理书,4 本语文书,并且各类书均无复本.

(1)从书架上任取 1 本书,共有多少种取法?

(2)三类书每类各取一本,共有多少种取法?

4.在 10 件产品中,有 7 件合格品,3 件次品,从中抽取 2 件来检查,问恰有一件是次品的抽取方法种类是多少?

5.某城市的电话号码由七位数字组成,其中首位数只能用 3 或 5.问该城市最多可装电话多少门?

9.2 排列与组合

9.2.1 排列

1.排列的定义

例 9-6 在北京、上海、深圳三个民航站之间的直达航线上,需要准备多少种不同的飞机票?

由于每一个起点站到一个终点站都需要准备一种飞机票,所以,可以把“一张飞机票”看成是“按照起点站排在前,终点站排在后的顺序的一种排法”,这样,所需准备的飞机票种数就是从北京、上海、深圳这三个站中,每次取出两个站,按起点站在前,终点站在后的顺序的所有排法种数.

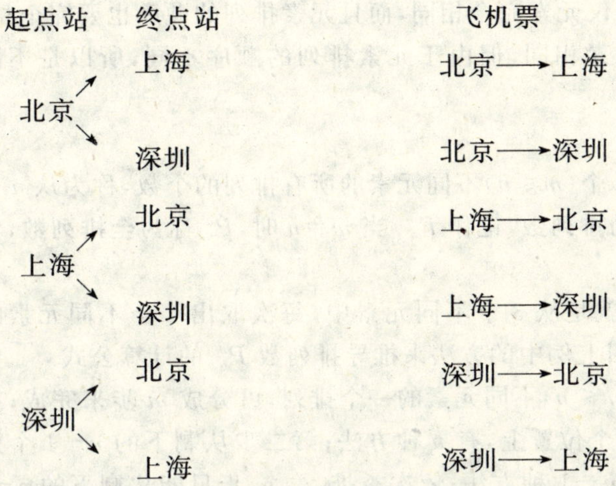

完成上述排法可分为两个步骤：第一步从三个站中任选一个站为起点站，有 3 种方法；第二步从余下的两个站中任选一个站为终点站，有 2 种方法，根据分步计数原理，共有 $3\times2=6$ 种不同的排法. 这表明，需要准备 6 种不同的飞机票.

例 9-7 用数字 1，2，3 可以组成多少个没有重复数字的两位数？

组成两位数的个数，就是从 1，2，3 三个数中每次取出两个，按照十位在前，个位在后的顺序的所有排法种数. 完成上述排法可分为两个步骤：第一步从三个数中任取一个排在十位，有 3 种方法；第二步从余下的两个数中任取一个排在个位，有 2 种方法. 根据分步计数原理，共有 $3\times2=6$ 种不同的排法. 这表明，可以组成 6 个没有重复数字的两位数.

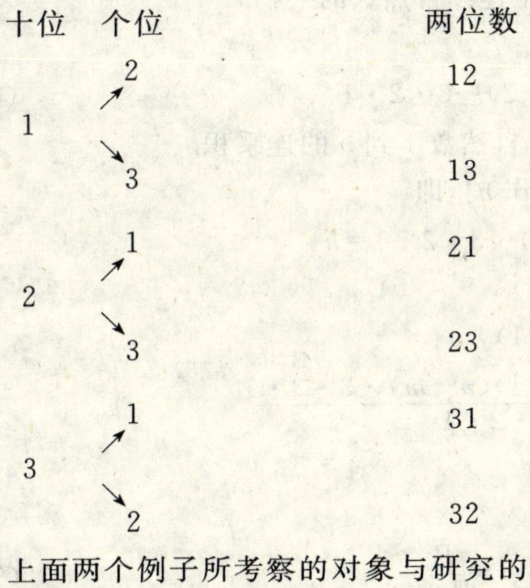

上面两个例子所考察的对象与研究的问题是不同的，但是，如果抽去它们的实际意义，把所考察的对象称为元素，那么，它们都可以概括为从 3 个不同元素中，每次取出 2 个元素，按照一定的顺序排成一列，共有几种不同的排法的问题. 对于此类问题，一般地，有如下定义.

从 n 个不同的元素中，任取 m 个（$m\leqslant n$）不同元素，按照一定的顺序排成一列，称为从 n 个不同的元素中每次取出 m 个元素的一个排列. 当 $m<n$ 时，称为**选排列**；当 $m=n$ 时，称为**全排列**.

由定义可知,两个排列相同,不仅元素完全相同,而且元素排列的顺序也要完全相同.例如,例 9-7 中 12 和 21 组成的元素相同,但由于元素排列的顺序不同,所以是不同的排列.

2. 排列数的计算公式

从 n 个不同元素中每次取出 m 个($m\leqslant n$)不同元素的所有排列的个数,称为从 n 个不同元素中每次取出 m 个不同元素的**排列数**,记作 P_n^m. 当 $m=n$ 时,P_n^n 称为**全排列数**,常简记为 P_n.

例如,例 9-6、例 9-7 中的结果就是从 3 个不同元素中,每次取出 2 个不同元素的排列数,即 $P_3^2=3\times2=6$. 下面,我们用上例中的方法来推导排列数 P_n^m 的计算公式.

从 n 个不同元素中取出 m 个($m\leqslant n$)不同元素的一个排列,可分成 m 步来完成;第一步从 n 个元素中任取 1 个放在第 1 个位置上,有 n 种方法;第二步从剩下的 $n-1$ 个元素中任取 1 个放在第 2 个位置上,有 $n-1$ 种方法;依次类推,第 m 步只能从剩下的 $n-(m-1)$ 个元素中任取 1 个放在第 m 个位置上,有 $n-(m-1)$ 种方法(图 9-3). 根据分步计数原理,从 n 个不同元素中每次取出 m 个不同元素的所有的排列数为

$$n(n-1)(n-2)\cdots(n-m+1)$$

所以,排列数的计算公式为

$$P_n^m=n(n-1)(n-2)\cdots(n-m+1),(m\leqslant n). \tag{9-3}$$

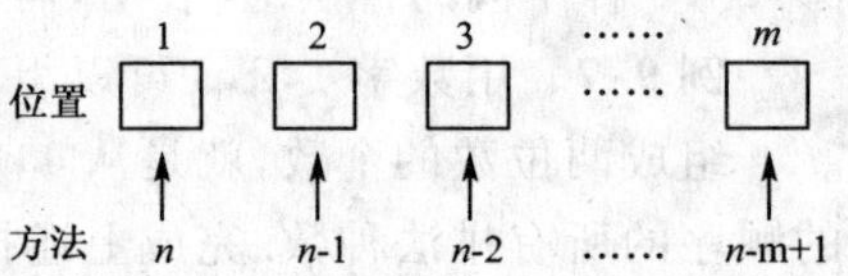

图 9-3

这就是说,从 n 个不同的元素中每次取出 m 个元素的排列数 P_n^m,等于从 n 开始的递减的 m 个连续自然数的乘积.

当 $m=n$ 时,有全排列数的计算公式

$$P_n=n(n-1)(n-2)\cdots3\cdot2\cdot1 \tag{9-4}$$

这表明,n 个不同元素的全排列数 P_n 等于自然数 1 到 n 的连乘积.

自然数 1 到 n 的连乘积称为 n 的阶乘,记作 $n!$,即

$$P_n=n(n-1)(n-2)\cdots3\cdot2\cdot1=n!$$

当 $m<n$ 时,利用公式(9-4)可以得到

$$\begin{aligned}P_n^m&=n(n-1)(n-2)\cdots(n-m+1)\\&=\frac{n(n-1)(n-2)\cdots(n-m+1)(n-m)\cdots3\cdot2\cdot1}{(n-m)\cdots3\cdot2\cdot1}\\&=\frac{n!}{(n-m)!},\end{aligned}$$

即

$$P_n^m=\frac{n!}{(n-m)!}=\frac{P_n}{P_{n-m}} \tag{9-5}$$

为了使公式(9-5)在 $m=n$ 时也成立,规定 $0!=1$.

例 9-8 利用计算器计算:

(1)P_7; (2)P_7^4; (3)$P_8^4-2P_6^3$.

解:计算器的操作过程及显示结果如下(此处使用的计算器型号为 CASIOfx82LP):

(1)[7][SHIFT][$n!$]⟶[5040],

所以，$P_7=7!=5\ 040$.

(2) [7] [SHIFT] [n!] [÷] [3] [SHIFT] [n!] [=] ⟶ [840]，

所以，$P_7^4=P_7\div P_3=840$.

(3) [8] [SHIFT] [n!] [÷] [4] [SHIFT] [n!] [−] [2] [×] [6] [SHIFT] [n!] [÷] [3] [SHIFT] [n!] [=] ⟶ [1440]，

所以，$P_8^4-2P_6^3=P_8\div P_4-2\times P_6\div P_3=1\ 440$.

例 9-9 某班级有 40 名同学，从中选出班长、学习委员、生活委员、宣传委员、体育委员各 1 人，组成班委会，问共有多少种选法？

解：从 40 名同学中选出 5 人组成班委会的各个成员，每一种选法就是从 40 人中选出 5 人的一个排列，排列数为

$$P_{40}^5=40\times39\times38\times37\times36=78\ 960\ 960,$$

所以共有 78 960 960 种选法.

例 9-10 用 1，2，3，4，5 五个数字，可以分别组成

(1)多少个没有重复数字的三位数；

(2)多少个没有重复数字的五位数；

(3)多少个允许重复数字的两位数.

解：(1)这是一个选排列问题，由公式(9-3)可得没有重复数字的三位数的个数为

$$P_5^3=5\times4\times3=60(\text{个});$$

(2)这是一个全排列问题，由公式(9-4)可得没有重复数字的五位数的个数为

$$P_5=5!=5\times4\times3\times2\times1=120(\text{个});$$

(3)组成允许重复数字的两位数可以分两步完成：第一步从 1、2、3、4、5 中任取一个数字作为十位数，有 5 种取法；第二步由于数字允许重复，所以个位数仍是从 1、2、3、4、5 中任取一个，还是 5 种取法. 根据分步计数原理，允许重复数字的两位数的个数为

$$5\times5=25(\text{个}).$$

9.2.2 组合

1. 组合的定义

例 9-11 在北京、上海、深圳三个民航站之间的直达航线上，有多少种不同的票价？

这个问题与例 9-6 中求飞机票种数的问题不同，飞机票的种数与起点、终点的顺序有关，而在这个问题中票价只与起点、终点两地间的距离有关，与起点、终点顺序无关，即，从北京到上海与从上海到北京的票价是一样的，因此，票价种数只有机票种数的一半，即有 3 种不同的票价.

例 9-12 从数字 1、2、3 中任取两个数相加，可以得到多少个不同的和数？

这个问题与例 9-7 中求没有重复数字的两位数的个数不同，和数只与取出的数字的大小有关，而与它们的顺序无关. 因此，和数的个数只是两位数个数的一位，即有 3 种不同的和数.

虽然上述两个例子所考察的对象与研究的问题不同，但是它们都可以概括为从三个

不同元素中每次取出两个不同元素，不管其顺序并成一组，共有几种不同的组数问题，对于此类问题，一般地，有如下定义.

从 n 个不同的元素中，任取 $m(m\leqslant n)$ 个不同元素，不管顺序并成一组，称为从 n 个不同的元素中取出 m 个元素的一个**组合**.

由排列与组合的定义可知，排列和组合的根本区别在于所取出的 m 个元素是否与顺序有关. 排列与元素的顺序有关，组合与元素的顺序无关. 例如 a,b 与 b,a 是不同的排列，却是相同的组合.

2. 组合数的计算公式

从 n 个不同元素中，每次取出 $m(m\leqslant n)$ 个不同元素的所有组合的个数，称为从 n 个不同元素中取出 m 个不同元素的组合数，记作 C_n^m.

我们可以从组合数 C_n^m 与排列数 P_n^m 之间的联系来推导组合数 C_n^m 的计算公式.

从 n 个不同元素中取出 $m(m\leqslant n)$ 个不同元素的一个排列，可以分两步来完成：第一步，从 n 个元素中任取 m 个元素并成一组，有 C_n^m 种方法；第二步，把取出的 m 个元素按不同的顺序排成一列，有 P_m 种方法. 根据分步计数原理，从 n 个不同元素中取出 m 个不同元素的所有排列的个数为

$$P_n^m=C_n^m\cdot P_m. \tag{9-6}$$

由此得出

$$C_n^m=\frac{P_n^m}{P_m}=\frac{n(n-1)\cdots(n-m+1)}{m!}(m\leqslant n). \tag{9-7}$$

由公式(9-5)可得

$$C_n^m=\frac{n!}{m!\ (n-m)!}. \tag{9-8}$$

例 9-13 利用计算器计算：

(1)C_{20}^3； (2)C_{16}^4； (3)$C_{17}^4-C_{16}^3$.

解：(1)由公式(9-7)可知 $C_{20}^3=\dfrac{20\times19\times18}{3!}$，所以计算器操作过程及显示结果如下：

[2][0][×][1][9][×][1][8][÷][3][SHIFT][n!][=] ⟶ [1140]，

所以，$C_{20}^3=1\ 140$.

(2)因为 $C_{16}^4=\dfrac{16!}{4!\ 12!}$，所以计算器操作过程及显示结果如下：

[1][6][SHIFT][n!][÷][4][SHIFT][n!][÷][1][2][SHIFT][n!][=] ⟶ [1820].

所以，$C_{16}^4=1\ 820$.

(3)因为 $C_{17}^4-C_{16}^3=\dfrac{17!}{4!\ 13!}-\dfrac{16!}{3!\ 13!}$，所以计算器操作过程及显示结果如下：

[1][7][SHIFT][n!][÷][4][SHIFT][n!][÷][1][3][SHIFT][n!][−][1][6][SHIFT][n!][÷][3][SHIFT][n!][÷][1][3][SHIFT][n!][=] ⟶ [1 820]，

所以，$C_{17}^4-C_{16}^3=1\ 820$.

例 9-14 从 20 个不同元素中取出 10 个元素的组合问题，因此，选法的总数等于组合数

$$C_{20}^{10}=\frac{20!}{10!\ 10!}=184\ 756,$$

即,共有 184 756 种选法.

例 9-15　平面内有八个点,其中没有三点在一条直线上,过每两个点作一条直线,一共可以做多少条直线?

解:因为没有三点在一条直线上,所以,任意两个点确定的直线的条数,就是从八个不同元素中取出两个元素的组合数

$$C_8^2=\frac{8\times 7}{2\times 1}=28.$$

即可以作 28 条直线.

习题 9.2

1. 利用计算器计算:

(1) P_6;　　(2) $\frac{P_{12}^3}{P_9^2}$;　　(3) $\frac{P_8^5+P_8^4}{P_9^5-P_9^4}$.

2. 写出从四个元素 a,b,c,d 中每次取出两个不同元素的所有排列以及前三个元素的全排列.

3. 某段铁路沿线共有 14 个车站,需要准备多少种普通客票?

4. 六个人排成一排,有多少种不同的排法?

5. 用 1,2,3,4 四个数字可以组成

(1)多少个没有重复数字的三位数;

(2)多少个没有重复数字的两位数;

(3)多少个允许重复数字的两位数.

6. 利用计算器计算:

(1) C_8^4;

(2) $C_{10}^3+C_{10}^2$;

(3) $C_{30}^{28}-C_{30}^2$.

7. 写出从 a,b,c,d 这四个元素中,分别取出 2 个和 3 个不同元素的所有组合.

8. 从全班 40 名同学中,选出 5 名同学参加公益劳动,共有多少种不同的选法?

9. 平面内有 9 个点,其中任意 3 点都不在同一条直线上,以任意 3 点为顶点画三角形,一共可以画多少个三角形?

9.3　排列、组合的简单应用

9.3.1　组合数的两个性质

性质 1　$C_n^m=C_n^{n-m}$.　　(9-9)

证明:根据公式(9-8),

$$C_n^{n-m}=\frac{n!}{(n-m)!\,[n-(n-m)]!}=\frac{n!}{(n-m)!\,m!}=C_n^m.$$

一般地,当 $m>\frac{n}{2}$ 时,利用性质1,通过计算 C_n^{n-m} 可以比较方便地得出 C_n^m 的值.为了使性质1在 $m=n$ 时也成立,我们规定 $C_n^0=1$.

性质2 $C_n^m+C_n^{m-1}=C_{n+1}^m$. (9-10)

证明:

$$\begin{aligned} m!\ C_n^m+C_n^{m-1}&=\frac{n!}{m!\,(n-m)!}+\frac{n!}{(m-1)!\,(n-m+1)!}\\ &=\frac{n!\,[(n-m+1)+m]}{m!\,(n-m+1)!}\\ &=\frac{(n+1)!}{m!\,[(n+1)-m]!}\\ &=C_{n+1}^m \end{aligned}$$

例 9-16 计算:(1)C_{50}^{48};(2)$C_{100}^{98}+C_{100}^{97}$.

解:(1)由性质1得

$$C_{50}^{48}=C_{50}^{50-48}=C_{50}^2=\frac{50\times49}{2\times1}=1\ 225$$

(2)由性质2和性质1得

$$C_{100}^{98}+C_{100}^{97}=C_{101}^{98}=C_{101}^3=\frac{101\times100\times99}{3\times2\times1}=166\ 650.$$

例 9-17 证明:$C_6^6+C_7^6+C_8^6=C_9^2$.

证明:由性质1得

$$C_6^6+C_7^6+C_8^6=C_7^7+C_7^6+C_8^6=C_8^7+C_8^6=C_9^7=C_9^2$$

9.3.2 排列、组合简单应用举例

在实际应用中常常要综合运用分类计数原理、分步计数原理以及排列、组合的计算公式、性质才能解决问题.

例 9-18 从四面不同颜色的旗子中任取一面、两面或三面,按不同次序挂在旗杆上表示信号,一共可以表示多少种信号?

解:表示一种信号可以挂一面旗子、两面旗子或者三面旗子.挂一面旗子有 P_4^1 种信号;挂两面旗子有 P_4^2 种信号;挂三面旗子有 P_4^3 种信号.根据加法原理,所求信号种数是

$$P_4^1+P_4^2+P_4^3=4+4\times3+4\times3\times2=40(\text{种}).$$

例 9-19 有6本不同的书,分给甲、乙、丙三个同学,在下列三种不同情况下,各有多少种不同的分法?

(1)甲得1本,乙得2本,丙得3本;

(2)一人得1本,一人得2本,一人得3本;

(3)每人各得2本.

解:(1)因为各人分得的书与书的顺序无关,所以是组合问题,根据乘法原理得

$$C_6^1\cdot C_5^2\cdot C_3^3=6\times10\times1=60(\text{种})$$

(2)由于没有指定谁得1本、2本、3本，所以可以先分书，将6本书分成三堆，一堆1本，一堆2本，一堆3本，共有 $C_6^1 \cdot C_5^2 \cdot C_3^3$ 种分法. 再将三堆书分给甲、乙、丙三人，此时，分法与顺序有关，是排列问题，共有 P_3 种分法. 根据乘法原理，分法种数为

$$C_6^1 \cdot C_5^2 \cdot C_3^3 \cdot P_3 = 60 \times 6 = 360(\text{种}).$$

(3)每人各得两本书的情形，无需考虑顺序问题，可以先从6本书中任取2本给甲，有 C_6^2 种取法，再从余下的4本书中任取2本给乙，有 C_4^2 种取法，最后把剩下的2本书给丙，有 C_2^2 种取法. 根据乘法原理，分法种数为

$$C_6^2 \cdot C_4^2 \cdot C_2^2 = 15 \times 6 \times 1 = 90(\text{种}).$$

例 9-20　如果100件产品中有4件次品，现从中任意抽取3件，求：

(1)一共有多少种不同的抽法；

(2)恰好有1件是次品的抽法种数；

(3)至少有1件是次品的抽法种数.

解:(1)所求抽法总数，就是从100件产品中取出3件的组合数

$$C_{100}^3 = \frac{100 \times 99 \times 98}{3 \times 2 \times 1} = 161\ 700.$$

(2)从4件次品中抽出1件次品的抽法有 C_4^1 种，从96件合格品中抽出2件合格品的抽法有 C_{96}^2 种. 根据分步计数原理，恰好有1件是次品的抽法种数是

$$C_4^1 \cdot C_{96}^2 = 4 \times 4\ 560 = 18\ 240(\text{种}).$$

(3)从100件产品中抽出3件，一共有 C_{100}^3 种抽法，在这些抽法中，除去抽出的3件都是合格品的抽法外，剩下的就是抽出的3件产品中至少有1件是次品的抽法种数，而3件都是合格品的抽法种数为 C_{96}^3，所求抽法种数是

$$C_{100}^3 - C_{96}^3 = 161\ 700 - 142\ 880 = 18\ 820(\text{种}).$$

(3)的另一解法从100件产品中抽出3件，至少有1件次品的抽法，可以分成恰好有1件次品、2件次品、3件次品三类情况计算，其抽法种数依次是 $C_4^1 C_{96}^2$、$C_4^2 C_{96}^1$、C_4^3. 根据分类计数原理，所求抽法种数是

$$C_4^1 C_{96}^2 + C_4^2 C_{96}^1 + C_4^3 = 18\ 240 + 576 + 4 = 18\ 820(\text{种}).$$

习题 9.3

1. 若50件产品中有5件是次品，现在从中任取5件进行检验，求下列各种不同情况下的取法种数：

(1)恰有3件次品；

(2)恰有1件次品；

(3)全部是合格品；

(4)至少有1件次品.

2. 一个小组共有12名同学，其中5名是女同学，7名是男同学. 要在下列不同条件下从小组内选出4名代表，各有多少种选法？

(1)恰好有1名女同学；

(2)至少有1名女同学；

(3)至多有2名女同学.

3.用0、1、2、3这四个数字组成没有重复数字的自然数.

(1)有多少个二位偶数；

(2)有多少个三位奇数.

9.4 二项式定理

9.4.1 二项式定理

形如$(a+b)^n(n\in \mathbf{N})$的式子称为**二项式**.利用多项式的乘法容易得到次数较低的一些二项式的展开式,例如

$$(a+b)^2=(a+b)(a+b)=a^2+2ab+b^2,$$

$$(a+b)^3=(a+b)(a+b)(a+b)=a^3+3a^2b+3ab^2+b^3.$$

对于次数较高的二项式,虽然也可以利用多项式的乘法来展开,但这是十分繁琐的.下面我们应用组合的知识来研究$(a+b)^n(n\in \mathbf{N})$的展开式.

先分析$(a+b)^2$的展开式

$$(a+b)^2=(a+b)(a+b)=aa+ab+ba+bb=a^2+2ab+b^2.$$

等式右端的三项是在两个相同的括号$(a+b)$里,任取a,b中之一,将它们相乘,再合并同类项而得到的.它们的系数有如下的规律

a^2的系数是在两个括号里都不取b的组合数$C_2^0=1$；

ab的系数是在两个括号里取一个b的组合数$C_2^1=2$；

b^2的系数是在两个括号里都取b的组合数$C_2^2=1$.

所以$(a+b)^2$的展开式又可以写成

$$(a+b)^2=C_2^0a^2+C_2^1ab+C_2^2b^2.$$

用同样的方法,通过分析$(a+b)^3$的展开式,可得

$$(a+b)^3=C_3^0a^3+C_3^1a^2b+C_3^2ab+C_3^3b^3.$$

将上面的结果推广到一般,可以证明

$$\boldsymbol{(a+b)^n=C_n^0a^n+C_n^1a^{n-1}b+C_n^2a^{n-2}b^2+\cdots+C_n^ia^{n-i}b^i+\cdots+C_n^nb^n,(n\in N)}. \quad (9\text{-}11)$$

这个公式所表示的定理称为**二项式定理**,公式右端的多项式称为$(a+b)^n$的**二项展开式**,其中的系数$C_n^i(i=0,1,2,\cdots,n)$称为**二项式系数**,公式中的$C_n^ia^{n-i}b^i$称为二项展开式的**通项**,它是展开式中的第$i+1$项,记作

$$\boxed{T_{i+1}=C_n^ia^{n-i}b^i(i=0,1,2,\cdots,n)} \quad (9\text{-}12)$$

例9-21 求$(1+x)^6$的展开式.

解:根据公式(9-11)可得

$$(1+x)^6=C_6^0+C_6^1x+C_6^2x^2+C_6^3x^3+C_6^4x^4+C_6^5x^5+C_6^6x^6$$

$$=1+6x+15x^2+20x^3+15x^4+6x^5+x^6.$$

一般地，在公式(9-11)中，如果设 $a=1,b=x$，可得

$$(1+x)^n=C_n^0+C_n^1x+C_n^2x^2+\cdots+C_n^ix^i+\cdots+C_n^{n-1}x^{n-1}+C_n^nx^n.$$

例 9-22　求 $(a-b)^n$ 的展开式及通项公式.

解：

$$\begin{aligned}(a-b)^n&=[a+(-b)]^n\\&=C_n^0a^n+C_n^1a^{n-1}(-b)+C_n^2a^{n-2}(-b)^2+\cdots+C_n^ia^{n-i}(-b)^i+\cdots\\&\quad+C_n^n(-b)^n\\&=a^n-C_n^1a^{n-1}b+C_n^2a^{n-2}b^2+\cdots+(-1)^iC_n^ia^{n-i}b^i+\cdots+(-1)^nb^n.\end{aligned}$$

通项公式为

$$T_{i+1}=(-1)^iC_n^ia^{n-i}b^i(i=0,1,2,\cdots,n).$$

例 9-23　求 $(\sqrt{2}-x)^{12}$ 展开式中的第 9 项.

解：根据公式(9-12)，展开式的通项是

$$T_{i+1}=C_{12}^i(\sqrt{2})^{12-i}(-x)^i=(-1)^iC_{12}^i(\sqrt{2})^{12-i}x^i.$$

因为 $i+1=9$，所以 $i=8$，代入上式得

$$T_9=(-1)^8C_{12}^8(\sqrt{2})^4x^8=495\times4\times x^8=1\ 980x^8.$$

例 9-24　求 $\left(\sqrt{x}-\dfrac{1}{\sqrt[3]{x}}\right)^{10}$ 展开式中的常数项.

解：根据公式(9-12)，展开式的通项是

$$T_{i+1}=C_{10}^i(\sqrt{x})^{10-i}\left(-\frac{1}{\sqrt[3]{x}}\right)^i=(-1)^iC_{10}^ix^{\frac{30-5i}{6}}.$$

常数项中 x 的指数应当为 0，令

$$\frac{30-5i}{6}=0,$$

解得 $i=6$，于是所求常数项为

$$T_7=(-1)^6C_{10}^6=210.$$

9.4.2　二项展开式的性质

依次把 $(a+b)^0,(a+b)^1,(a+b)^2,(a+b)^3,\cdots$ 的展开式各项的系数单独列出来，可以排列成如图 9-4 所示的形式.

这个类似三角形排列的数表称之为**二项式系数表**，早在我国南宋时期数学家杨辉 1261 年所著《详解九章算法》一书中就有所记载，因此，常称它为**杨辉三角**. 通过对数表的观察，我们看到：数表中每一行两端都是 1，其余每个数都等于它"肩上"两个数的和. 它直观地揭示了具有不同幂指数的二项展开式中各项系数之间的关系. 同时，由杨辉三角还可以看出二项展开式有如下的一些性质：

$(a+b)^0$	1
$(a+b)^1$	1　1
$(a+b)^2$	1　2　1
$(a+b)^3$	1　3　3　1
$(a+b)^4$	1　4　6　4　1
$(a+b)^5$	1　5　10　10　5　1
$(a+b)^6$	1　6　15　20　15　6　1

图 9-4

(1)二项展开式共有 $n+1$ 项;

(2)二项展开式中,与首末两端"等距离"的两项的系数相等,即

$$C_n^0=C_n^n, C_n^1=C_n^{n-1},\cdots,C_n^i=C_n^{n-i},\cdots;$$

(3)二项式的幂指数是偶数,则展开式中间一项 $T_{\frac{n}{2}+1}$ 的系数最大;

(4)二项式的幂指数是奇数,则展开式中间两项 $T_{\frac{n+1}{2}}$ 与 $T_{\frac{n+1}{2}+1}$ 的系数相等且最大.

例 9-25 求 $(1-x)^8$ 展开式中二项式系数最大的项.

解:因为二项式的幂指数是偶数,所以,此二项展开式中间一项的系数最大,即

$$T_{\frac{8}{2}+1}=T_5=C_8^4(-x)^4=70x^4$$

为所求.

例 9-26 已知 $\left(\sqrt{x}+\frac{1}{x}\right)^n$ 的展开式中,第 4 项系数与第 5 项系数之比为 1∶3,求二项式系数最大的项.

解:因为第 4 项的系数是 C_n^3,第 5 项的系数是 C_n^4,根据题意,有

$$C_n^3 : C_n^4=1 : 3,$$

即

$$\frac{P_n}{P_3P_{n-3}} : \frac{P_n}{P_4P_{n-4}}=1 : 3,$$

化简,得

$$\frac{4}{n-3}=\frac{1}{3},$$

即

$$n=15.$$

由于二项式的幂指数是奇数,所以,此二项展开式中间两项为最大,即

$$T_{\frac{9+1}{2}}=T_5=C_9^4(\sqrt{x})^5\left(\frac{1}{x}\right)^4=126x^{-\frac{3}{2}}$$

及

$$T_{\frac{9+1}{2}+1}=T_6=C_9^5(\sqrt{x})^4\left(\frac{1}{x}\right)^5=126x^{-3}$$

为所求.

习题 9.4

1. 写出 $(a+2b)^4$ 的展开式.
2. 求 $(2a-b)^5$ 展开式中的第 4 项.
3. 求 $(1+x)^{11}$ 展开式的前 2 项和最后 2 项.
4. 如果 $(1+x)^n$ 展开式中第 4 项和第 6 项的系数相等,求二项式系数最大的项.

9.5 随机事件

9.5.1 随机现象

在客观世界中存在着两类现象,一类是在一定条件下,必然会发生某一结果的现象.

例如：

E_1：导体通电，必然会发热；

E_2：生铁在室温下，必然不能熔化；

E_3：在标准大气压下，纯水加热到 100 ℃，必然沸腾.

等等，这类现象称为**确定性现象**.

另一类是在一定条件下具有多种可能结果，但究竟发生哪一种结果事先不能肯定的现象. 例如：

E_4：掷一枚均匀硬币，落地后正面向上；

E_5：射击运动员进行一次射击，击中 10 环；

E_6：从含有 4 件次品的 100 件产品中任意抽取 10 件，恰好抽到 3 件次品.

等等，此类现象称为**随机现象**.

对于随机现象，由于人们事先不能断定它将发生哪一种结果，因此，从表面上看好像是不可捉摸的，纯粹是偶然性在起支配作用. 其实不然，实践证明，在相同条件下对随机现象进行大量重复观察，通常总能呈现某种规律性，这种规律性通常称为**统计规律性**. 例如：

在相同条件下，多次抛掷质量均匀的同一枚硬币，可以观察到正面向上的次数约占一半；

某射击运动员在相同条件下，进行多次重复射击，可以看出该运动员的射击水平；

对一批产品，进行多次重复抽检，可以得到这批产品的合格率.

随机现象的规律性是客观存在的，要寻找这种规律性，就必须在相同条件下，对随机现象进行大量重复观察，重复的次数越多，这种统计规律性就表现得越明显. 我们把这样对随机现象的一次观察称为一次**随机试验**(简称**试验**).

由此可见，随机现象有两个显著特性：

(1)一次试验前，不能预言发生哪一种结果，这表明随机现象具有**偶然性**；

(2)在相同条件下，进行大量重复试验，呈现出统计规律性，这说明随机现象具有**规律性**.

9.5.2 随机事件

我们把一个随机试验的任一个可能的结果称为这个试验的**基本事件**，常用 e_i 表示；基本事件的全体构成的集合称为这个试验的**样本空间**，记作 Ω.

例如，E_4 中的基本事件有两个，e_1 表示"出现正面"，e_2 表示"出现反面"，则样本空间 $\Omega=\{e_1,e_2\}$；E_5 中的基本事件有 11 个，e_i 表示"击中 i 环"，$i=0,1,2,\cdots,10$，则样本空间 $\Omega=\{e_0,e_1,e_2,e_3,e_4,e_5,e_6,e_7,e_8,e_9,e_{10}\}$；$E_6$ 中的基本事件有 5 个，e_i 表示"抽到 i 件次品" $i=0,1,2,3,4$，则样本空间 $\Omega=\{e_0,e_1,e_2,e_3,e_4\}$；

在讨论时，往往需要研究更复杂的事件. 例如，在 E_6 中要讨论"抽到的次品件数大于 2"这个假设. 我们知道，"抽到的次品件数大于 2"是由"抽到 3 件次品"和"抽到 4 件次品"这两种结果组成的，即"抽到的次品件数大于 2"是由 e_3，e_4 这两个基本事件组成的.

我们把基本事件或由基本事件组成的事件称为**随机事件**，简称为**事件**. 常用大写英文字母 $A,B,C,\cdots$ 来表示. 从集合论观点看，随机事件就是样本空间的子集.

例 9-27 在连续两次抛掷一枚均匀硬币的试验中，写出它的样本空间 Ω，指出事件

$A=\{$两次向上的面相同$\}$是由哪些基本事件组成的.

解:$\Omega=\{$(正,正),(正,反),(反,正),(反,反)$\}$,

$A=\{$(正,正),(反,反)$\}$.

例 9-28 在一次投掷甲、乙两个可辨的骰子的试验中,写出下列事件是由哪些基本事件组成的:

(1)$A=\{$两骰子出现的点数之和不超过 4$\}$;

(2)$B=\{$两骰子出现的点数之积等于 6$\}$;

(3)$C=\{$两骰子出现的点数相等$\}$.

解:设 $e_{ij}=(i,j)(i,j=1,2,3,4,5,6)$表示甲骰子出现 i 点,乙骰子出现 j 点,则

(1)$A=\{e_{11},e_{12},e_{13},e_{21},e_{22},e_{31}\}$;

(2)$B=\{e_{16},e_{23},e_{32},e_{61}\}$;

(3)$C=\{e_{11},e_{22},e_{33},e_{44},e_{55},e_{66}\}$.

在每次试验中,必然发生的事件称为**必然事件**,记作 Ω;不可能发生的事件称为**不可能事件**,记作$\varnothing$.

例如,E_1 中"导体发热"、E_3 中"水沸腾"均是必然事件;E_2 中"生铁熔化"、E_6 中"抽到 5 件次品"都是不可能事件.

必然事件和不可能事件实质上都属于确定性现象.它们不是随机事件,但为了今后研究方便,将它们看作是随机事件的特例.

由于在一次试验中,必然有唯一的基本事件发生,所以,由全体基本事件组成的事件为必然事件.反之,如果某事件中没有一个基本事件,则该事件必然是不可能事件.

如果我们能够写出一个试验的基本事件的全体,则不仅能知道基本事件的个数是多少,也能直观地看出基本事件是什么.但是,当基本事件总数较多时,就很难(或事实上不可能)将基本事件一一列出.在今后的讨论中,更重要的是如何计算基本事件的个数.

例 9-29 求下列各随机试验中基本事件的个数.

(1)将一个骰子接连投掷两次;

(2)从 54 张一副的扑克牌中任取 3 张;

(3)从分别写有数字 0~9 的十张卡片中,每次抽取一张,抽出后不放回,接连抽取三次.

解:(1)根据基本事件的定义,将一个骰子接连投掷两次有多少个不同结果,就有多少个基本事件.完成这个试验分为两步,每一步掷一个骰子,每步可能出现的结果有 6 个,依乘法原理,基本事件的个数为

$$n=6\times 6=36(\text{个});$$

(2)从 54 张扑克牌中任取 3 张,有多少种不同取法,就有多少个基本事件,根据组合知识,基本事件的个数为

$$n=C_{54}^{3}=\frac{54\times 53\times 52}{3\times 2\times 1}=24\ 804(\text{个});$$

(3)从十张卡片中不返回地抽取 3 次,每次 1 张,有多少种不同的抽法,就有多少个基本事件.根据排列知识,基本事件的个数为

$$n=P_{10}^{3}=10\times9\times8=720(个).$$

习题 9.5

1.指出下列事件中哪些是必然事件？哪些是不可能事件？哪些是随机事件？

(1)A={大连明年三月份的平均气温为 15 ℃}；

(2)B={在标准大气压下且−1 ℃时，冰融化}；

(3)C={在地球表面上抛一枚硬币，最终落向地面}；

(4)D={投掷两颗骰子，点数之和是 13}；

2.在装有编号为 1,2,3,4 的四个球的口袋中，任取两个球，写出该随机试验的基本事件全体，并指出下列随机事件是由哪些基本事件组成.

(1)A={编号之和为 5}；

(2)B={编号之和不超过 5}；

(3)C={编号之和为偶数}.

3.求下列随机试验所包含的基本事件的个数.

(1)三颗不同品种的种子发芽情况；

(2)同时抛掷两颗可辨的骰子；

(3)从含有 2 件次品的 5 件产品中任取两件；

(4)从装有编号为 1,2,3 的三个球的口袋中，选取 1 个，看过编号后不放回袋中，再取 1 个球(无返回)；

(5)从装有编号为 1,2,3 的三个球的口袋中，先取 1 个，看过编号后放回袋中，再取 1 个球(有返回).

9.6　概率的定义

9.6.1　概率的统计定义

1.频率及其性质

在相同条件下进行大量重复试验，随机事件的发生与否会呈现出一定的规律性，为了找到某随机事件 A 的规律性，我们在 n 次重复试验中，统计出事件 A 发生的次数 n_A，并称比值$\frac{n_A}{n}$为事件 A 发生的**频率**，记作 $f_n(A)$，即

$$\boxed{f_n(A)=\frac{n_A}{n}} \tag{9-13}$$

从下面的例子可以知道，在大量重复试验中，事件 A 发生的频率会呈现出一定的规律.

例 9-30　掷一枚硬币，观察事件 A“正面向上”出现的次数.分投掷次数 $n=5$，$n=50$，$n=500$ 三组进行试验，并且每一组又重复进行 10 批.其试验结果如下表：

试验批号	$n=5$		$n=50$		$n=500$	
	n_A	$f_n(A)$	n_A	$f_n(A)$	n_A	$f_n(A)$
1	2	0.40	22	0.44	251	0.502
2	3	0.60	25	0.50	249	0.498
3	1	0.20	21	0.42	256	0.512
4	5	1.00	25	0.50	253	0.506
5	1	0.20	24	0.48	251	0.502
6	2	0.40	21	0.42	246	0.492
7	4	0.80	18	0.36	244	0.488
8	2	0.40	24	0.48	258	0.516
9	3	0.60	27	0.54	262	0.524
10	3	0.60	31	0.62	247	0.494

从试验记录可以看到，在每一组的重复试验中，事件 A 的频率有波动，带有偶然性，但是，当试验次数 n 增大时，频率却经常稳定在一个稳定的数值 0.5 附近，并且随着试验重复次数的增加，这种稳定在一个数值附近的趋势就越显著. 通常把这一规律说成是频率具有稳定性，它说明反映事件发生可能性大小的数量指标是客观存在的. 频率不仅在一定程度上反映了事件发生可能性的大小，而且还具有下列三个性质：

性质 1 $0\leqslant f_n(A)\leqslant 1$.

因为在 n 次试验中有 $0\leqslant n_A\leqslant n$，故 $0\leqslant\frac{n_A}{n}\leqslant 1$.

性质 2 $f_n(\Omega)=1$.

因为在 n 次试验中有 $n_\Omega=n$，故 $\frac{n_\Omega}{n}=1$.

性质 3 $f_n(\varnothing)=0$.

2. 概率

由例 9-30 可以得到这样的认识：随着试验次数 n 逐渐增大，事件 A 发生的频率总是在一个常数附近上下摆动，并逐渐稳定于该常数，这个性质反映了一种统计规律性，说明一个事件发生的可能性的大小可以用一个客观存在的常数表示，此常数就是频率的稳定值.

在相同的条件下进行了 n 次试验，n_A 为 n 次试验中事件 A 发生的次数，$f_n(A)=\frac{n_A}{n}$ 为事件 A 发生的频率，如果当 n 很大时，$f_n(A)$ 稳定地在某一常数值 p 的附近摆动，并且通常随着 n 的增大，摆动的幅度越变越小，则称 p 为事件 A 的**概率**，记为 $P(A)=p$.

上述定义称为**概率的统计定义**.

对于同一事件来说，频率在不同试验次数中可能取多个不同的值，但是概率却只能取惟一的值. 它是一个理论值，这个值就是随机事件在一次试验中发生的可能性的数量描述.

9.6.2 概率的古典定义

在实际问题中，我们要按概率的统计定义来求得事件的概率，往往是十分困难的，甚

至是不可能的，即便在重复试验次数 n 充分大时，频率通常也只能作为概率的近似值，即

$$P(A)\approx\frac{n_A}{n}.$$

然而，在某些特殊类型的问题中，并不需要进行大量重复试验，可根据所讨论事件的特点直接得出它的概率. 我们看下面的例子.

例 9-31 在投掷硬币的试验中，只有两个基本事件："正面向上"和"反面向上". 由于硬币是均匀的，故这两个基本事件发生的可能性是相同的，即事件 $H_1=\{$正面向上$\}$和 $H_2=\{$反面向上$\}$发生的概率都是$\frac{1}{2}$. 于是有

$$P(H_1)=P(H_2)=\frac{1}{2}.$$

这个结果与实际试验(例 9-30)中的结论是一致的.

例 9-32 在掷骰子的试验中，一共有 6 个基本事件：$e_i=\{$出现 i 点$\}(i=1,2,\cdots,6)$. 由于骰子是均匀的，故这 6 个基本事件发生的可能性是相同的，即有

$$P(e_i)=\frac{1}{6}(i=1,2,\cdots,6).$$

这个结果与我们的实际经验也是相一致的.

从以上两例中，我们得到一种简单而又直观的概率计算方法，但应用这个方法时，随机试验必须满足下列两个条件：

(1)基本事件的总数是有限的；

(2)每一个基本事件发生的可能性是相等的.

满足这两个条件的随机试验模型称为**古典概型**. 由此，我们给出概率的古典定义.

在古典概型中，若基本事件的总数为 n，事件 A 包含的基本事件数为 m，则事件 A 的概率为

$$\boxed{P(A)=\frac{m}{n}} \tag{9-14}$$

由定义可知中，在古典概型中，只要求出基本事件的总数以及事件 A 所包含的基本事件的个数，就可以确定事件 A 的概率. 于是，弄清随机试验的基本事件是什么，事件 A 包含了哪些基本事件就显得十分重要. 下面举几个例子.

例 9-33 一个口袋中装有大小相同的 6 只红球和 4 只白球，现从中任意摸出 3 只，求下列各事件的概率.

(1)$A=\{$恰好有 1 只白球$\}$；

(2)$B=\{$至少有 1 只白球$\}$.

解：基本事件总数就是从 10 只球中任意摸出 3 只的所有不同的取法种数，即 $n=C_{10}^3$.

(1)事件 A 包含的基本事件个数为"从 4 只白球中取 1 只"，并且"从 6 只红球中取 2 只"的所有不同的取法种数，即 $m_A=C_4^1C_6^2$. 于是

$$P(A)=\frac{m_A}{n}=\frac{C_4^1C_6^2}{C_{10}^3}=\frac{1}{2}.$$

(2)事件 B 中包含的基本事件个数为：从所有不同的取法种数中减去从 6 只红球中

任取 3 只的取法种数. 即 $m_B = C_{10}^3 - C_6^3$. 于是

$$P(B) = \frac{m_B}{n} = \frac{C_{10}^3 - C_6^3}{C_{10}^3} = \frac{5}{6}.$$

例 9-34 从 0,1,2,…,9 十个数码中任取一个,取后放回,接连取 5 次,求下列事件的概率:

(1)$B_1 = \{5$ 个数码全不相同$\}$;

(2)$B_2 = \{0$ 与 1 均不出现$\}$;

(3)$B_3 = \{0$ 恰好出现两次$\}$;

(4)$B_4 = \{0$ 至少出现一次$\}$.

解:基本事件总数,就是从 10 个元素中有返回的抽取 5 次的取法种数,因为是取后放回,所以每次任取一次的取法种数均为 10,根据分步计数原理,取法总数是

$$n = 10 \times 10 \times 10 \times 10 \times 10 = 10^5 (\text{种}).$$

(1)B_1 中包含基本事件个数,就是从 10 个元素中取出 5 个元素的排列数,即

$$m_{B_1} = P_{10}^5 = 10 \times 9 \times 8 \times 7 \times 6 = 30\ 240,$$

所以 $$P(B_1) = \frac{m_{B_1}}{n} = \frac{30\ 240}{10^5} = 0.3024.$$

(2)B_2 中包含的基本事件个数,就是从 2,3,…,9 八个数码中,有返回地每次抽取一个,连续抽五次的取法种数,即

$$m_{B_2} = 8 \times 8 \times 8 \times 8 \times 8 = 8^5,$$

所以 $$P(B_2) = \frac{m_{B_2}}{n} = \frac{8^5}{10^5} = 0.327\ 68.$$

(3)B_3 中包含的基本事件个数,就是有返回地从 10 个元素中每次取一个,连续抽五次,而某个元素恰好出现 2 次的取法种数. 即

$$m_{B_3} = C_5^2 \cdot 9^3 = 7\ 290,$$

所以 $$P(B_3) = \frac{m_{B_3}}{n} = \frac{7\ 290}{10^5} = 0.072\ 9.$$

(4)B_4 中包含的基本事件个数,就是从基本事件总数 10^5 中,减去事件$\{0$ 一次都不出现$\}$所包含的基本事件数 9^5,即

$$m_{B_4} = 10^5 - 9^5 = 40\ 951,$$

所以 $$P(B_4) = \frac{m_{B_4}}{n} = \frac{40\ 951}{10^5} = 0.409\ 51.$$

习题 9.6

1. 在 50 件产品中有 30 件一等品,20 件二等品,从中任取 3 件,求下列各事件的概率(精确到 0.01):

(1)$A = \{3$ 件都是一等品$\}$;

(2)$B = \{$恰好 2 件是一等品$\}$;

(3)C={至少有1件二等品}.

2. 从一副52张扑克牌中任意抽取两张，求下列各事件的概率：

(1)A={两张牌均是黑桃}；

(2)B={一张是A，另一张是J、Q、K中某一张}；

(3)C={两张牌花色不同，其中一张是黑桃}.

3. 在用0,1,2,3,4,5这六个数字组成的没有重复数字的三位数中任取一个，求下列各事件的概率：

(1)A={恰好是奇数}；

(2)B={是5的倍数}；

(3)C={大于500}.

9.7 互不相容事件的概率加法公式

9.7.1 事件的并及互不相容事件

1. 事件的并

先看一个引例.

从编号为1～10的卡片中任意抽取一张，如果令

A={编号小于7}，

B={编号大于7}，

C={编号不等于7}，

则事件C与事件A、B之间的关系是：事件A、B中至少有一个发生时，事件C必然发生；反之，事件C发生时，事件A或B必至少有一个发生. 对于事件之间这样的关系，有如下定义.

在一次试验中，"事件A与事件B至少有一个发生"，这一事件称为事件A与事件B的**并**(或和)，记作$A\cup B$.

从样本空间来说，$A\cup B$包含了事件A和事件B的所有的样本点(基本事件). 为直观起见，我们用图9-5表示$A\cup B$. 图中的矩形表示样本空间，其中的点表示基本事件；图中的圆表示包含某些基本事件的随机事件；图中的阴影部分所表示的就是$A\cup B$.

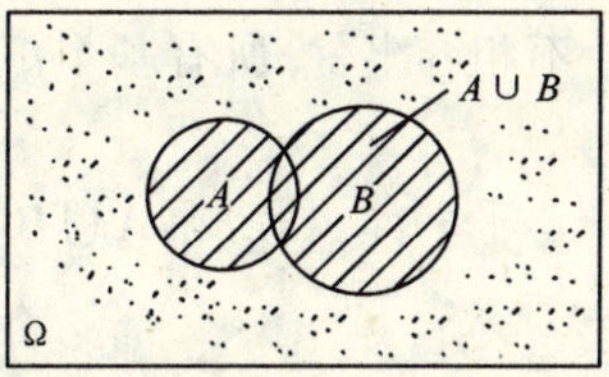

图9-5

例9-35 在一个口袋里装有红、黄、白三种颜色的球，现从中任取两个球，设A={两个球颜色相同}；B={至少有一个红色球}. 问$A\cup B$由哪些基本事件组成？

解：因为样本空间

Ω={(红,黄),(红,白),(黄,白),(红,红),(黄,黄),(白,白)}.

事件A、B中包含的基本事件分别为

A={(红,红),(黄,黄),(白,白)}，

$$B=\{(红,红),(红,黄),(红,白)\},$$

所以

$$A\cup B=\{(红,红),(黄,黄),(白,白),(红,黄),(红,白)\}.$$

事件的并的关系可以推广到 n 个事件之间：

在一次试验中，“n 个事件 $A_1,A_2,\cdots,A_n$ 至少有一个发生”，这一事件称为这 n 个事件的并，记作 $\bigcup\limits_{i=1}^{n}A_i$，即

$$\bigcup_{i=1}^{n}A_i=A_1\cup A_2\cup\cdots\cup A_n.$$

2. 互不相容事件

在前面给出的引例中，事件 $A=\{编号小于 7\}$ 与事件 $B=\{编号大于 7\}$ 显然不可能同时发生. 对于事件之间这样的关系，有如下定义.

在一次试验中，若事件 A,B 不能同时发生，则称 A,B 为**互不相容事件**.

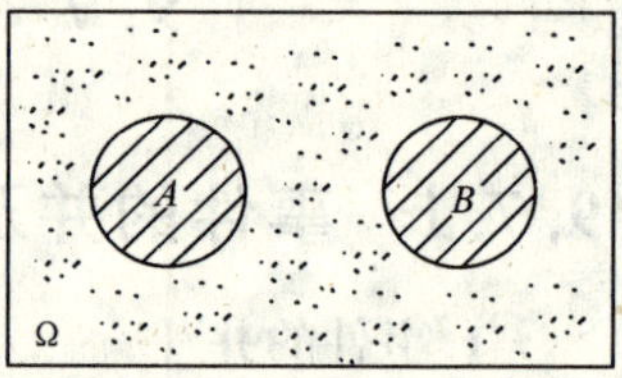

图 9-6

为容易理解，我们用图 9-6 来表示互不相容性，若 A,B 为互不相容事件，则事件 A,B 没有相同的基本事件，在图中表现为事件 A,B 没有公共部分.

一般地，在一次试验中，如果 n 个事件 $A_1,A_2,\cdots,A_n$ 的任何两个事件都不能同时发生，则称事件 $A_1,A_2,\cdots,A_n$ 的任何两个事件都不能同时发生，则称事件 $A_1,A_2,\cdots,A_n$ 为两两互不相容.

由于在一次试验中，任何两个基本事件都不能同时发生，所以，基本事件是两两互不相容的.

例如，掷一个骰子，设 $e_i=\{掷得 i 点\}$，$i=1,2,\cdots,6$. 则 $e_1,e_2,\cdots,e_6$ 为六个基本事件. 在一次试验中，其中任何两个都不能同时出现，所以，它们是两两互不相容事件.

9.7.2 互不相容事件的概率加法公式

再看前面给出的引例，我们已经知道事件 $A=\{编号小于 7\}$，$B=\{编号大于 7\}$ 是互不相容事件. 所有基本事件组成的样本空间为

$$\Omega=\{1,2,3,\cdots,10\}.$$

事件 A,B 和 $A\cup B$ 中包含的基本事件为

$$A=\{1,2,3,4,5,6\},B=\{8,9,10\},$$

$$A\cup B=\{1,2,3,4,5,6,8,9,10\}.$$

Ω 的基本事件总数 $n=10$，$A,B,A\cup B$ 的基本事件数分别为 6,3,9. 根据古典概率计算公式得

$$P(A)=\frac{6}{10},P(B)=\frac{3}{10},P(A\cup B)=\frac{9}{10}.$$

由此可得 $\frac{6}{10}+\frac{3}{10}=\frac{9}{10}$，即

$$P(A\cup B)=P(A)+P(B).$$

可以证明，上式对任意两个互不相容事件均成立. 这里只对古典概率的情形给出证明.

设基本事件总数为 n，其中事件 A、B 包含的基本事件数分别为 m_A，m_B. 由于事件 A 与 B 互不相容，事件 A，B 中没有相同的基本事件. 所以，事件 $A\cup B$ 包含的基本事件数有 m_A+m_B 个，于是

$$P(A)=\frac{m_A}{n},P(B)=\frac{m_B}{n},P(A\cup B)=\frac{m_A+m_B}{n}.$$

由此得

$$\boxed{P(A\cup B)=P(A)+P(B),(A,B\text{ 互不相容})} \tag{9-15}$$

一般地，如果事件 $A_1,A_2,\cdots,A_n$ 两两互不相容，则有

$$\boxed{P(\bigcup_{i=1}^{n}A_i)=P(A_1)+P(A_2)+\cdots+P(A_n)} \tag{9-16}$$

公式(9-15)或(9-16)称为**互不相容事件的概率加法公式**.

例 9-36　某班级有 35 名男生，15 名女生. 现从中任意选出两名学生参加学校举办的法律知识竞赛. 求这两名学生中至少有一名女生的概率.

解：设

$A=\{$两名学生中恰有一名女生$\}$，

$B=\{$两名学生都是女生$\}$，

$C=\{$两名学生中至少有一名女生$\}$.

根据概率的古典定义，得

$$P(A)=\frac{C_{35}^1C_{15}^1}{C_{50}^2}=\frac{15}{35},$$

$$P(B)=\frac{C_{15}^2}{C_{50}^2}=\frac{3}{35}.$$

由题意可知

$$C=A\cup B\quad\text{且 }A,B\text{ 互不相容}.$$

由公式(9-15)得

$$P(C)=P(A)+P(B)=\frac{15}{35}+\frac{3}{35}=\frac{18}{35}.$$

在上面例 9-36 中，如果设 $D=\{$两名学生都是男生$\}$，则事件 C，D 也是互不相容的. 同时，每选出两个学生，事件 C 或 D 一定有一个发生，即 $C\cup D=\Omega$ 是必然事件. 这样的两个事件称为互逆事件，一般有如下定义.

在一次试验中，如果 A、B 互不相容，且 $A\cup B=\Omega$，则称 A，B 为**互逆事件**(简称 A、B 互逆). 事件 A 的逆事件记作 $\overline{A}$.

图 9-7 中的阴影部分表示事件 A 的逆事件 $\overline{A}$. 根据定义，A 与 $\overline{A}$ 互不相容，且 $A\cup\overline{A}=\Omega$. 于是有

$$P(\Omega)=P(A\cup\overline{A})=P(A)+P(\overline{A})=1.$$

由上得到逆事件概率的计算公式

$$\boxed{P(\overline{A})=1-P(A)} \tag{9-17}$$

公式(9-17)常用于简化概率的计算.例如,在例 9-36 中事件 $\overline{C}$={两名学生都是男生}.因为 $P(\overline{C})=\frac{C_{35}^2}{C_{50}^2}=\frac{17}{35}$.所以,$P(C)=1-P(\overline{C})=1-\frac{17}{35}=\frac{18}{35}$.

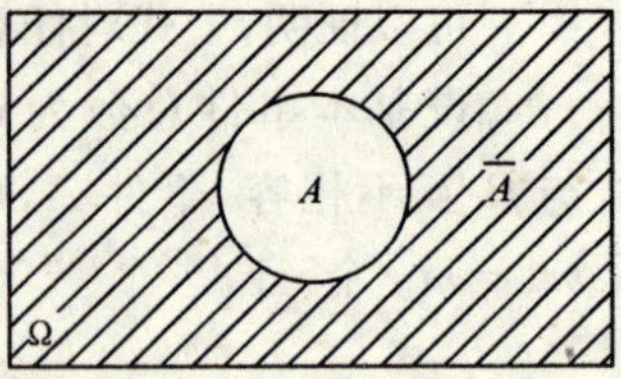

图 9-7

习题 9.7

1.从 1 到 20 这 20 个自然数中任意取出一个数,设 A={取出的数能被 5 整除},B={取出的数小于 10},C={取出的数是奇数}.试写出下列各事件:

(1)$A\cup B$;(2)$A\cup C$;(3)$B\cup C$;(4)$A\cup B\cup C$.

2.从装有 8 只红球和 4 只黑球的袋子中任取 2 只球,判断下列每对事件是不是互不相容的:

(1)恰好有 1 只红球和恰好有 2 只黑球;

(2)至少有 1 只红球和恰好有 2 只红球;

(3)至少有 1 只红球和至少有 1 只黑球;

(4)至少有 1 只红球和恰好有 2 只黑球.

3.某射击运动员在一次射击中,命中 10 环的概率是 0.65,命中 8 环或 9 环的概率为 0.23,求至少命中 8 环的概率.

4.从 20 件一等品,6 件二等品中任取 3 件,利用逆事件概率计算公式,求其中至少 1 件为二等品的概率.

9.8 相互独立事件的概率乘法公式

9.8.1 事件的交及相互独立事件

1.事件的交

先看引例.

引例 在 10 只晶体管中有 3 只次品,从中接连抽检两次,每次抽检 1 只,验后放回.设

A={第一次抽到次品},

B={第二次抽到次品},

C={两次都抽到次品},

则事件 C 与事件 A,B 之间的关系是:事件 A,B 同时发生时,事件 C 发生;反之,事件 C 发生时,事件 A 与 B 必同时发生.对于事件之间的这种关系,我们给出如下定义.

在一次试验中,"事件 A 与事件 B 同时发生",这一事件称为事件 A 与事件 B 的**交**(或积),记作 $A\cap B$(或 $A\cdot B$).

从样本空间来说,$A\cap B$ 包含了事件 A 和事件 B 共有的样本点(基本事件),即 $A\cap B$

中的基本事件既属于事件 A，又属于事件 B. 图 9-8 中的阴影部分所表示的就是 $A\cap B$.

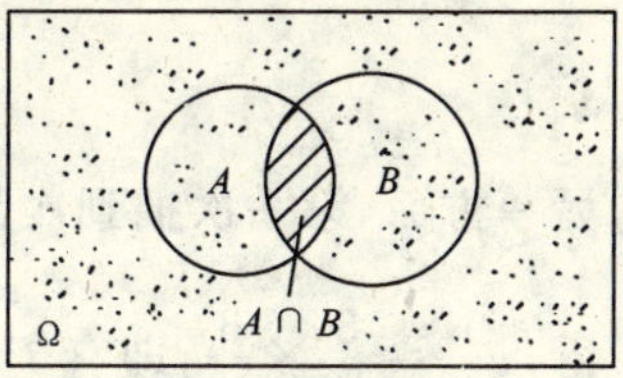

图 9-8

例 9-37 某射击运动员进行一次射击，设

$A=\{$命中环数不小于 5$\}$,

$B=\{$命中环数为奇数$\}$,

问 $A\cap B$ 由哪些基本事件组成?

解:因为样本空间

$$\Omega=\{0,1,2,3,4,5,6,7,8,9,10\}.$$

事件 A、B 中包含的基本事件分别为

$$A=\{5,6,7,8,9,10\}.$$

$$B=\{1,3,5,7,9\}.$$

所以

$$A\cap B=\{5,7,9\}.$$

事件的交的关系可以推广到 n 个事件之间：

在一次试验中，“n 个事件 $A_1,A_2,\cdots,A_n$ 同时发生”，这一事件称为这 n 个事件的交，记作 $\bigcap\limits_{i=1}^{n}A_i$，即

$$\bigcap_{i=1}^{n}A_i=A_1\cap A_2\cap A_3\cap\cdots\cap A_n.$$

2. 相互独立事件

在前面给出的引例中，由于是有放回的抽检，所以，无论第一次抽到次品还是正品，对第二次抽到次品的概率没有影响. 这就是说，事件 $A=\{$第一次抽到次品$\}$是否发生对事件 $B=\{$第二次抽到次品$\}$发生的概率没有影响. 对于事件之间这样的关系，有如下定义.

在一次试验中，如果事件 A 的发生不影响事件 B 发生的概率，则称事件 B 对事件 A 是独立的，否则称为不独立的.

例如，掷甲、乙两枚硬币，设 $A=\{$甲币正面向上$\}$，$B=\{$乙币正面向上$\}$. 显然，不论甲币是否正面向上，都不影响掷乙币的结果. 即事件 B 对事件 A 是独立的. 同理，事件 A 对事件 B 也是独立的.

一般地，如果事件 A 对事件 B 是独立的，则事件 B 对事件 A 也是独立的. 如果两事件中任一事件的发生不影响另一事件发生的概率，则称它们是相互独立事件.

由定义可知，若 A，B 相互独立，则 A 与 $\overline{B}$，$\overline{A}$ 与 B，$\overline{A}$ 与 $\overline{B}$ 均相互独立.

事件的独立性概念也可以推广到有限多个事件的情形：

在一次试验中，如果 n 个事件 $A_1,A_2,\cdots,A_n$ 中的任一事件 $A_i(i=1,2,\cdots,n)$ 的概率不受其他事件发生的影响，则称事件 $A_1,A_2,\cdots,A_n$ 是相互独立的.

9.8.2 相互独立事件的概率乘法公式

再看前面给出的引例，第一次抽一只晶体管有 10 种等可能的结果，第二次抽一只晶体管也有 10 种等可能的结果. 于是，抽检两次共有基本事件总数 $10\times10=10^2$. 两次都取到次品的结果有 $3\times3=3^2$ 种. 因此，两次都抽到次品的概率为

$$P(A\cap B)=\frac{3\times3}{10\times10}=\frac{9}{100}$$

另一方面,第一次抽到次品的概率 $P(A)=\frac{3}{10}$,第二次抽到次品的概率 $P(B)=\frac{3}{10}$.由此可得:$\frac{9}{100}=\frac{3}{10}\times\frac{3}{10}$,即有 $P(A\cap B)=P(A)\cdot P(B)$.

这表明,两个相互独立事件同时发生的概率,等于每个事件发生的概率的乘积.可以证明,对任意两个相互独立的事件有如下概率的乘法公式

$$\boxed{P(A\cap B)=P(A)\cdot P(B),(A、B\text{ 相互独立})} \qquad (9\text{-}18)$$

一般地,如果事件 $A_1,A_2,\cdots,A_n$ 相互独立,则有

$$\boxed{P(\bigcap_{i=1}^{n}A_i)=P(A_1)\cdot P(A_2)\cdot\cdots\cdot P(A_n)} \qquad (9\text{-}19)$$

例 9-38 甲、乙、丙三人同时向同一目标射击,击中目标的概率分别为 0.3,0.5,0.6,计算下列各事件的概率:

(1)三人都击中目标;

(2)三人都没有击中目标;

(3)至少有一个击中目标.

解:设 $A=\{$甲击中目标$\}$,$B=\{$乙击中目标$\}$,$C=\{$丙击中目标$\}$.由题意可知,甲、乙、丙三人分别独立射击,其中任何一人是否击中目标,对其他人是否击中目标是没有影响的.因此,事件 A,B,C 或事件 $\overline{A},\overline{B},\overline{C}$ 是相互独立的.

(1)因为 $A\cap B\cap C=\{$三人都击中目标$\}$,所以

$$P(A\cap B\cap C)=P(A)\cdot P(B)\cdot P(C)$$
$$=0.3\times0.5\times0.6=0.09;$$

(2)因为 $\overline{A}\cap\overline{B}\cap\overline{C}=\{$三人都没有击中目标$\}$,所以

$$P(\overline{A}\cap\overline{B}\cap\overline{C})=P(\overline{A})\cdot P(\overline{B})\cdot P(\overline{C})$$
$$=(1-0.3)\times(1-0.5)\times(1-0.6)$$
$$=0.14$$

(3)因为事件 $D=\{$至少有一人击中目标$\}$的逆事件是 $\overline{A}\cap\overline{B}\cap\overline{C}=\{$三人都没有击中目标$\}$.所以

$$P(D)=1-P(\overline{A}\cap\overline{B}\cap\overline{C})=1-0.14=0.86.$$

9.8.3 *n* 次独立重复试验

在相同条件下,重复地做 n 次试验,如果满足

(1)每一次试验的结果都不影响其他各次试验的结果;

(2)每一次试验只有两种可能的结果 A 或 $\overline{A}$;

(3)每次试验中事件 A 发生的概率都不变,

则称这样的 n 次试验为 **n 次独立重复试验**或 **n 重伯努利试验**.

例如,从一批含有次品的零件中有放回地抽取 n 次,每次抽取一件检验是次品还是正

品;在相同条件下射手进行 n 次射击,每次射击只考察击中还是击不中等等.都是 n 次独立重复试验.

下面来讨论 n 次独立重复试验中,事件 A 恰好发生 k 次的概率.

例 9-39　10 个零件中有 3 个次品,从中每次抽检一个,验后放回,连续抽检三次.求抽检的 3 个零件中恰有 2 个次品的概率.

解:由于三次抽检是相互独立的,并且每次抽检只有两个可能的结果"抽到正品"或"抽到次品",因此,这是一个三次独立重复试验.

设

$$B=\{3\text{ 次抽检,恰有 }2\text{ 个次品}\},$$
$$A_i=\{\text{第 }i\text{ 次抽到次品}\}(i=1,2,3),$$

则

$$\overline{A}_i=\{\text{第 }i\text{ 次抽到正品}\}(i=1,2,3).$$

依题设　$$P(A_i)=p=\frac{C_3^1}{C_{10}^1}=\frac{3}{10},P(\overline{A}_i)=q=1-\frac{3}{10}=\frac{7}{10}.$$

因为 3 次抽检中恰有 2 个次品的事件共有 $C_3^2=3$ 类,即

$$A_1\cap A_2\cap\overline{A}_3,A_1\cap\overline{A}_2\cap A_3,\overline{A}_1\cap A_2\cap A_3.$$

这三个事件是互不相容的,并且 A_i 与 A_j 以及 A_i 与 $\overline{A}_j$ $(i\neq j,i,j=1,2,3)$ 是相互独立的.于是

$$\begin{aligned}P(B)&=P(A_1\cap A_2\cap\overline{A}_3\cup A_1\cap\overline{A}_2\cap A_3\cup\overline{A}_1\cap A_2\cap A_3)\\&=P(A_1\cap A_2\cap\overline{A}_3)+P(A_1\cap\overline{A}_2\cap A_3)+P(\overline{A}_1\cap A_2\cap A_3)\\&=P(A_1)P(A_2)P(\overline{A}_3)+P(A_1)P(\overline{A}_2)P(A_3)+P(\overline{A}_1)P(A_2)P(A_3)\\&=C_3^2p^2q=C_3^2\left(\frac{3}{10}\right)^2\cdot\left(\frac{7}{10}\right).\end{aligned}$$

一般地,如果在一次试验中某事件发生的概率是 p,那么这个事件在 n 次独立重复试验中,恰好发生 k 次的概率为

$$\boxed{P_n(k)=C_n^kp^k(1-p)^{n-k},(k=0,1,\cdots,n).}\tag{9-20}$$

例 9-40　某型号地对空导弹,发射一枚击中敌机的概率为 0.6,试求:

(1)发射三枚导弹,恰有一枚击中敌机的概率;

(2)发射三枚导弹,均未击中敌机的概率;

(3)发射三枚导弹,至少有一枚击中敌机的概率;

(4)至少要发射几枚导弹,才能使击中敌机的概率不小于 0.99.

解:本题满足 n 次独立重复试验条件,击中敌机的概率 $p=0.6$.由公式(9-20),得

(1)$P_3(1)=C_3^1(0.6)^1(1-0.6)^2=0.288$;

(2)$P_3(0)=C_3^0(0.6)^0(1-0.6)^3=0.064$;

(3)设 $A=\{$至少有一枚导弹击中敌机$\}$,则 $\overline{A}=\{$三枚导弹均未击中敌机$\}$.于是

$$P(A)=1-P(\overline{A})=1-P_3(0)=1-0.064=0.936;$$

(4)设 $B=\{$发射 n 枚导弹,至少有一枚击中敌机$\}$,则 $\overline{B}=\{n$ 枚导弹均未击中敌机$\}$.

于是

$$P(B)=1-P(\overline{B})=1-P_n(0)=1-(1-0.6)^n=1-0.4^n,$$

根据题意,欲使 $P(B)\geqslant 0.99$,即

$$1-0.4^n\geqslant 0.99,$$

$$0.4^n\leqslant 1-0.99=0.01,$$

$$n\lg 0.4\leqslant \lg 0.01,$$

所以

$$n\geqslant \frac{\lg 0.01}{\lg 0.4}\approx 5.0898.$$

即,至少要发射 6 枚导弹,才能使击中敌机的概率不小于 0.99.

习题 9.8

1. 从 1 至 20 这 20 个自然数中任意取出一个数,设 $A=$\{取出的数能被 5 整除\},$B=$\{取出的数小于 10\},$C=$\{取出的数是偶数\}. 试写出下列各事件:

(1)$A\cap B$;(2)$A\cap C$;(3)$B\cap C$;(4)$A\cup(B\cap C)$.

2. 甲、乙、丙三个车间生产同一种产品,它们的合格率依次为 0.94,0.96,0.95,从每个车间生产的产品中各抽取一件,求下列各事件的概率;

(1)三件都是合格品;

(2)三件都是不合格品;

(3)三件中至少有一件是合格品.

3. 对一个目标进行 6 次独立射击,每次击中的概率为 0.6,求下列各事件的概率:

(1)恰好有 2 次击中;

(2)至少有 1 次击中;

(3)击中的次数不少于 4.

复习题九

1. 从上海到广州可以乘火车、汽车或轮船,已知火车有 6 个车次,汽车有 10 个班次,轮船有 3 个班次. 求从上海到广州的不同的走法种数.

2. 书架上层有 6 本不同的数学书,下层有 4 本不同的语文书,现从书架上任取一本书,共有几种不同的取法?若从书架上任取数学、语文书各一本,共有几种不同的取法?

3. 5 名同学和 1 名教师站成一排照相,共有几种不同的排法?如果教师必须站在中间,则有几种不同的排法?

4. 已知 $7P_{n+1}^3=P_{2n}^3$,则 $n=$________.

5. 已知 $C_{n+1}^6+C_{n+1}^7=C_{n+2}^n$,则 $n=$________.

6. 二项式 $(1-x)^8$ 展开后一共有________项,其中间的一项是第________项,第 8 项的系数是________,含有 x^3 的项是第________项,与该项系数相等的是第________项.

7. 用数字 1,2,3,4,5,6 可以组成多少个

(1)无重复数字的三位数；

(2)有重复数字的三位数.

8.某考生填报志愿时，想在12所学校中选择，其中重点中专有4所.但规定每个考生只能填满5个志愿，其中重点中专至多填报2所，并且重点中专必须填报在非重点中专之前，那么该考生的志愿共有多少种不同的填法？

9.有8支足球队参加比赛，比赛时先分成两个小组，每组4支队，先进行小组单循环赛(即每队都要与本小组其他各队比赛一场)然后由两个小组的第一名比赛决定冠亚军.问共需比赛多少场？

10.求解下列各题：

(1)已知 $4C_{n+1}^{3}-nC_{n}^{n-3}=P_{n}^{3}$，求 n；

(2)计算 $C_{2}^{2}+C_{3}^{2}+C_{4}^{2}+C_{5}^{2}+C_{6}^{2}+C_{7}^{2}+C_{8}^{2}$.

11.已知 $\left(x\sqrt{x}+\dfrac{2}{\sqrt{x}}\right)^{n}$ 的展开式中前三项的系数之和为129，求展开式中含 x 的项.

12.在口袋中有3个编号球，号码分别为1，2，3.每次从口袋中取出一个球，不放回，求至少有一次取出球的编号与取球的次序相同的概率.

13.从10件一等品和5件二等品中任取4件，求下列各事件的概率：

(1)一等品和二等品恰好相等；

(2)二等品至少有2件；

(3)一等品和二等品的件数都是奇数.

14.某城市的电话号码由8位数字组成，每位都可以选0～9这10个数字，但首位不能是0.求下列各事件的概率.

(1)电话号码由8位不同数字组成；

(2)电话号号码后4位都是数字6；

(3)电话号码前3位是138.

15.设一射手每次射击击中目标的概率为 $\dfrac{3}{5}$，如果进行4次独立射击，求下列各事件的概率：

(1)击中1次；　　(2)第三次击中；

(3)击中2次；　　(4)第二、三两次击中；

(5)至少击中2次；　　(6)第一、四次都没击中.

16.若在3次独立重复试验中事件 A 至少出现1次的概率等于0.992，问在1次试验中事件 A 出现的概率是多少？

第10章

向 量

10.1 向量的几何形式及其线性运算

10.1.1 向量的概念

在现实生活中，存在两种类型的量，一种量，如温度、质量、时间、面积等，它们都可以由一个实数值来确定. 例如，温度是 −3 ℃，质量是 5 克，时间是 10 秒，面积是 4 cm^2 等. 而另一种量，如位移、力、速度等，它们不仅有数值的大小，而且还具有方向的意义. 例如，当我们说某物体受到 2 牛顿力的作用时，还必须要同时指出这个力的作用方向.

为了区别这两种量，我们把只有数值大小的量叫做数量（或标量），把既有数值大小又有方向的量叫做**向量**（或**矢量**）.

这里所说的向量，是对众多具体的物理向量的抽象概括，它原来具有什么物理意义，已经不重要了. 这里，我们只注意它们共同具有的数学特征——数值和方向.

表示向量的最形象直观的方法是借用标有箭头的线段. 如图 10-1 所示. 线段 AB，并画有箭头指向 B，表示平面上一个动点由 A 移动到 B. 我们把点 A 叫做**起点**，点 B 叫做**终点**. 这种规定了起点和终点的线段叫做**有向线段**.

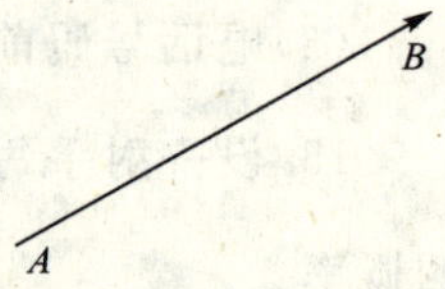

图 10-1

以 A 为起点、B 为终点的有向线段记做$\overrightarrow{AB}$（字母要按照起点在前，终点在后的顺序写）. 这样，$\overrightarrow{AB}$和$\overrightarrow{BA}$就表示两条不同的有向线段了.

用有向线段表示向量叫做向量的几何表示. 这时，我们就把有向线段$\overrightarrow{AB}$叫做向量$\overrightarrow{AB}$.

向量有时也用一个标有箭头的字母表示，如 $\overrightarrow{a}$，$\overrightarrow{b}$，$\overrightarrow{c}$，$\overrightarrow{f}$，$\overrightarrow{v}$ 等.

表示向量$\overrightarrow{AB}$的有向线段的长度，叫做**向量$\overrightarrow{AB}$的模**，记做$|\overrightarrow{AB}|$. 相应的，向量 $\overrightarrow{a}$ 的模记做$|\overrightarrow{a}|$，向量 $\overrightarrow{f}$ 的模记作$|\overrightarrow{f}|$. 向量的模是一个数量（标量），是非负实数.

向量的模也叫向量的长度.

两个向量如果模相等，方向也相同，那么我们说这**两个向量相等**. 向量 $\overrightarrow{b}$ 与 $\overrightarrow{a}$ 相等，

记做 $\vec{a}=\vec{b}$，如图 10-2(a)所示. 由于我们所研究的向量只含有两个要素——大小和方向，所以用有向线段表示向量时，与它的始点位置无关.

两个向量如果模相等，方向却相反，那么我们说这两个向量互为**逆向量**，$\vec{a}$ 的逆向量记做 $-\vec{a}$，如图 10-2(b)所示. 因为 $|\overrightarrow{AB}|=|\overrightarrow{BA}|$，并且 $\overrightarrow{BA}$ 的方向与 $\overrightarrow{AB}$ 方向相反，所以 $\overrightarrow{AB}$ 与 $\overrightarrow{BA}$ 互为逆向量，因此 $\overrightarrow{AB}=-\overrightarrow{BA}$.

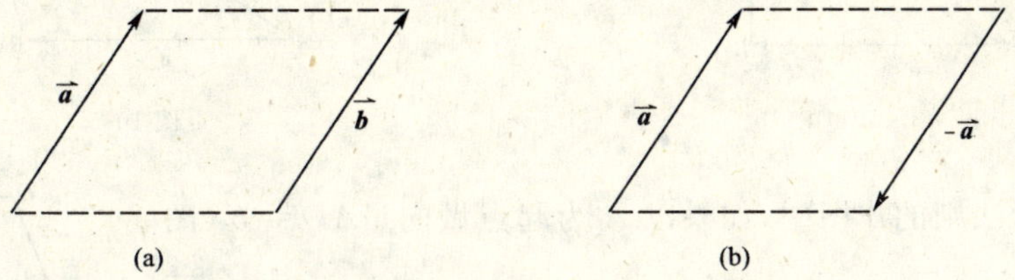

图 10-2

当向量的终点和起点重合时，向量便成为一个点，我们称它为**零向量**，记做 $\vec{0}$，零向量的模等于 0，即 $|\vec{0}|=0$. 零向量的方向是任意的(即不确定)，因此，我们规定：**所有的零向量都相等**.

长度为 1 的向量叫做**单位向量**. 即如果 $\vec{a_0}$ 是单位向量，则 $|\vec{a_0}|=1$.

例 10-1 如图 10-3 所示，在▱$ABCD$ 中，分别写出：

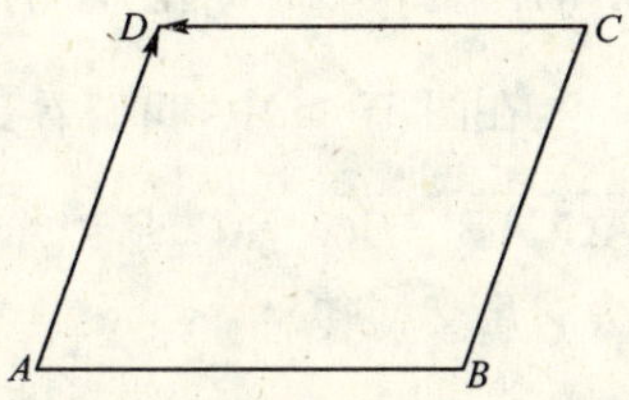

图 10-3

(1)与向量 $\overrightarrow{AD}$、$\overrightarrow{CD}$ 相等的向量；

(2)向量 $\overrightarrow{AD}$ 的逆向量.

解：(1)根据平行四边形的性质及相等向量的概念，有

$$\overrightarrow{BC}=\overrightarrow{AD},\overrightarrow{BA}=\overrightarrow{CD};$$

(2)$\overrightarrow{AD}$ 的逆向量是 $\overrightarrow{DA}$、$\overrightarrow{CB}$.

10.1.2 向量的加法与减法运算

看下面的例子：

如图 10-4 所示，某人从 A 地向东行进 5 km，到达 B 地，再从 B 地向北行进 5 km，到达 C 地，这时从 A 地看，此人恰好在东北方向 $5\sqrt{2}$ km 处.

我们看到，某人连续做了两次位移 $\overrightarrow{AB}$ 和 $\overrightarrow{BC}$，从而使他由 A 地到达了 C 地. 其效果与由 A 地向东北方向行进 $5\sqrt{2}$ km(即 $\overrightarrow{AC}$)是一样的. 在物理中称 $\overrightarrow{AC}$ 是 $\overrightarrow{AB}$ 与 $\overrightarrow{BC}$ 的合成位移. 这时，我们把向量 $\overrightarrow{AC}$ 叫做向量 $\overrightarrow{AB}$ 与 $\overrightarrow{BC}$ 的和，即 $\overrightarrow{AC}=\overrightarrow{AB}+\overrightarrow{BC}$.

由此，得出向量加法的一个法则：

如果 $\vec{a}$ 和 $\vec{b}$ 为已知向量，在平面上任取一点 A. 以 A 为起点，做向量 $\overrightarrow{AB}=\vec{a}$，再以

B 为起点做$\overrightarrow{BC}=\overrightarrow{b}$，令$\overrightarrow{AC}=\overrightarrow{c}$，则 $\overrightarrow{c}$ 叫做 $\overrightarrow{\boldsymbol{a}}$ **与** $\overrightarrow{\boldsymbol{b}}$ **的和**. 记做 $\overrightarrow{c}=\overrightarrow{a}+\overrightarrow{b}$.

这个法则就是**向量加法的三角形法则**，如图 10-5 所示.

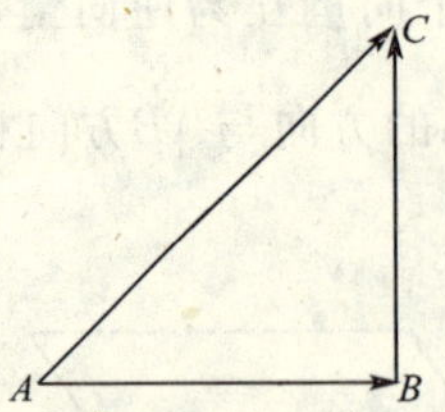

图 10-4

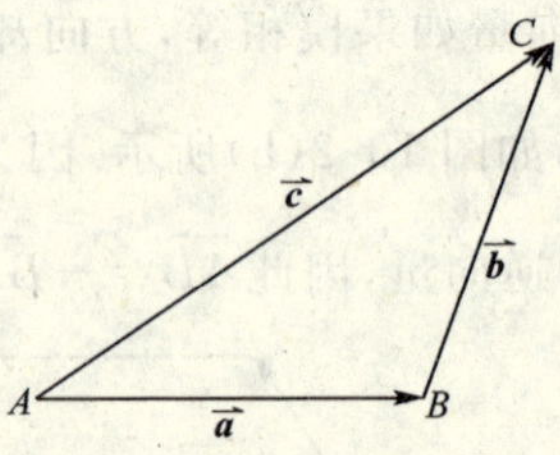

图 10-5

在上面三角形法则的作图中，如果以 A 为起点做向量$\overrightarrow{AD}=\overrightarrow{b}$（图 10-6），则由$\overrightarrow{AD}=\overrightarrow{BC}$可知，四边形 $ABCD$ 为平行四边形，向量 $\overrightarrow{a}$ 与 $\overrightarrow{b}$ 是这个平行四边形的两条邻边，$\overrightarrow{a}$ 与 $\overrightarrow{b}$ 的和$\overrightarrow{AC}$恰好是 ▱$ABCD$ 的一条对角线. 这样就得到了**向量加法的平行四边形法则**：

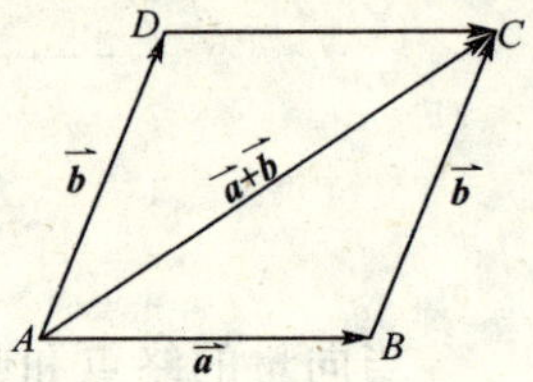

图 10-6

如果 $\overrightarrow{a}$ 和 $\overrightarrow{b}$ 为已知向量，在平面上任取一点 A，以 A 为起点，以 $\overrightarrow{a}$ 和 $\overrightarrow{b}$ 为邻边做平行四边形，则在这个平行四边形中，以 A 为起点的对角线所表示的向量，叫做 $\overrightarrow{\boldsymbol{a}}$ **与** $\overrightarrow{\boldsymbol{b}}$ **的和**.

在图 10-6 中，我们看到，$\overrightarrow{AB}=\overrightarrow{DC}=\overrightarrow{a}$，$\overrightarrow{AD}=\overrightarrow{BC}=\overrightarrow{b}$，由三角形法则有$\overrightarrow{AD}+\overrightarrow{DC}=\overrightarrow{AC}$，$\overrightarrow{AB}+\overrightarrow{BC}=\overrightarrow{AC}$，所以$\overrightarrow{AD}+\overrightarrow{DC}=\overrightarrow{AB}+\overrightarrow{BC}$，即 $\overrightarrow{b}+\overrightarrow{a}=\overrightarrow{a}+\overrightarrow{b}$，这恰恰验证了向量加法满足交换律.

向量加法也满足结合律，即$(\overrightarrow{a}+\overrightarrow{b})+\overrightarrow{c}=\overrightarrow{a}+(\overrightarrow{b}+\overrightarrow{c})$. 请同学们自己验证.（提示：在任意四边形 $ABCD$ 中，设$\overrightarrow{AB}=\overrightarrow{a}$，$\overrightarrow{BC}=\overrightarrow{b}$，$\overrightarrow{CD}=\overrightarrow{c}$）

由于向量加法满足交换律、结合律，所以把 $\overrightarrow{a}+\overrightarrow{b}+\overrightarrow{c}$ 叫做 $\overrightarrow{\boldsymbol{a}}$，$\overrightarrow{\boldsymbol{b}}$，$\overrightarrow{\boldsymbol{c}}$ 的和.

三个向量的和可以依照三角形法则得到：把三个向量顺次连接，则由第一个向量的起点到第三个向量的终点的向量就是三个向量的和，如图 10-7 所示.

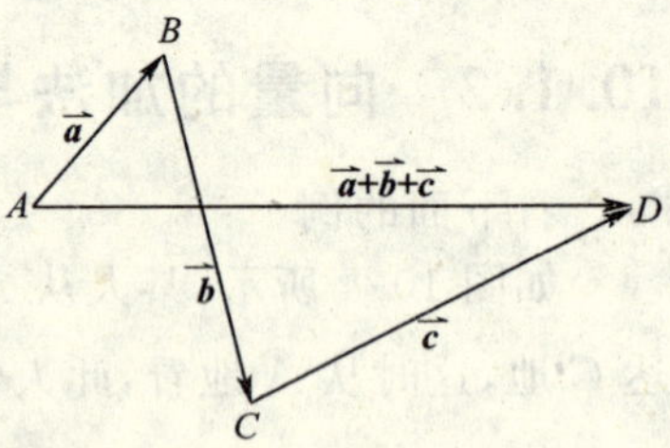

图 10-7

向量减法是向量加法的逆运算. 如果两个向量 $\overrightarrow{b}$ 与 $\overrightarrow{c}$ 的和等于 $\overrightarrow{a}$，即 $\overrightarrow{b}+\overrightarrow{c}=\overrightarrow{a}$，那么，我们把 $\overrightarrow{c}$ 叫做 $\overrightarrow{\boldsymbol{a}}$ **与** $\overrightarrow{\boldsymbol{b}}$ **的差**，记做 $\overrightarrow{c}=\overrightarrow{a}-\overrightarrow{b}$.

根据向量加法的三角形法则，$\overrightarrow{a}$ 与 $\overrightarrow{b}$ 的差可以这样去求：在平面上任选一点 A，做向量$\overrightarrow{AB}=\overrightarrow{a}$，$\overrightarrow{AC}=\overrightarrow{b}$，则向量$\overrightarrow{CB}$就是所求的差 $\overrightarrow{a}-\overrightarrow{b}$.

注意三点：

(1)两个向量是以同一点为起点做出的；

(2)两个向量的差是两个向量终点之间的向量；

(3)差向量的箭头指向被减的向量.

例 10-2 验证：$\vec{a}-\vec{b}=\vec{a}+(-\vec{b})$.

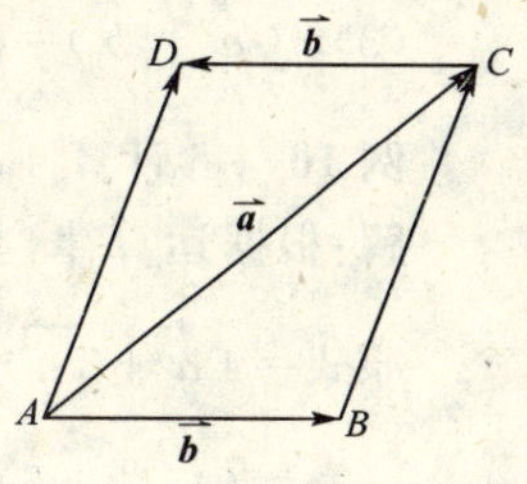

图 10-8

证明：如图 10-8 所示，在▱$ABCD$ 中，设$\overrightarrow{AC}=\vec{a}$，$\overrightarrow{AB}=\vec{b}$，则 $\overrightarrow{CD}=-\vec{b}$.

分别在△ABC 和△ACD 中，利用三角形法则，

得$\overrightarrow{BC}=\vec{a}-\vec{b}$，$\overrightarrow{AD}=\vec{a}+(-\vec{b})$.

∵$\overrightarrow{BC}=\overrightarrow{AD}$.

∴$\vec{a}-\vec{b}=\vec{a}+(-\vec{b})$.

由此得出：减去一个向量，等于加上这个向量的逆向量. 这是向量减法的又一个法则，依照它，可以把向量减法问题总是转化为向量加法问题.

10.1.3 数乘向量

看下面的例子：

甲、乙二人朝同一方向用力拉一物体. 甲用力记做 $\vec{F}$，而乙所用的力的大小是甲的 2 倍，这时，我们可以把乙所用的力表示成 $2\vec{F}$.

这就是**数乘向量**的运算：

一般地，**实数 k 与向量 $\vec{a}$ 的积叫做数乘向量，记做 $k\vec{a}$**. 它是这样确定的：

(1)$k=0$ 时，$k\vec{a}$ 为零向量，即 $k\vec{a}=\vec{0}$；

(2)$k\neq 0$ 时，$k\vec{a}$ 的模是 $\vec{a}$ 的模的$|k|$倍，即$|k\vec{a}|=|k|\cdot|\vec{a}|$. 当 $k>0$ 时，$k\vec{a}$ 与 $\vec{a}$ 的方向相同；当 $k<0$ 时，$k\vec{a}$ 与 $\vec{a}$ 的方向相反.

例 10-3 已知向量 $\vec{a}$，分别做出向量$\frac{1}{2}\vec{a}$，$2\vec{a}$，$-3\vec{a}$.

解：如图 10-9 所示，向量$\overrightarrow{AB}$表示$\frac{1}{2}\vec{a}$，向量$\overrightarrow{CD}$表示 $2\vec{a}$，向量$\overrightarrow{EF}$表示$-3\vec{a}$.

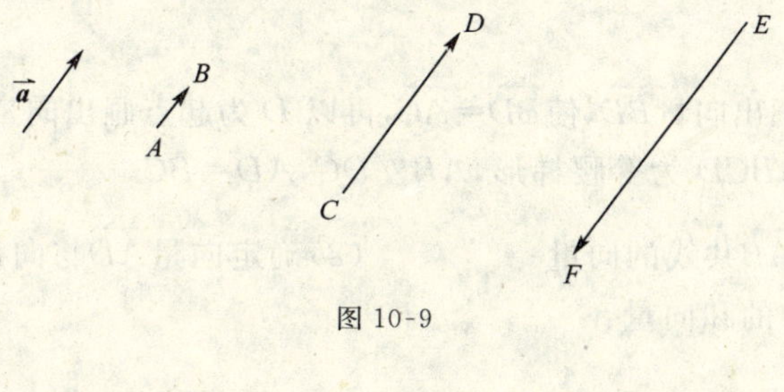

图 10-9

和实数之间相乘一样，实数与向量相乘，也满足结合律和分配律：

(1) $(m\cdot n)\vec{a}=m(n\vec{a})$；

(2) $(m+n)\vec{a}=m\vec{a}+n\vec{a}$；

(3) $m(\vec{a}+\vec{b})=m\vec{a}+m\vec{b}$.

例 10-4 计算 $4\vec{a}+3(\vec{a}+2\vec{b})-2(3\vec{a}-4\vec{b})$.

解：根据运算律，有

$$\begin{aligned}\text{原式}&=4\vec{a}+3\vec{a}+6\vec{b}-6\vec{a}+8\vec{b}\\&=(4+3-6)\vec{a}+(6+8)\vec{b}\\&=\vec{a}+14\vec{b}.\end{aligned}$$

向量的加法、减法以及数乘向量运算，统称为**向量的线性运算**. 它们的运算法则在形式上很像实数加减法与乘法满足的运算法则，当然向量的运算与实数的运算在具体含义上是不同的，但是由于它们在形式上的相像，因此实数运算中的去括号、移项、合并同类项等变形手段在向量的线性运算中都可以使用.

10.1.4 向量平行的条件

如果两个不为零的向量 $\vec{a}$ 与 $\vec{b}$ 方向相同或相反，那么就说 **$\vec{a}$ 与 $\vec{b}$ 互相平行**. 记做 $\vec{a}\parallel\vec{b}$.

由于互相平行的向量，经过平移可以使它们在一条直线上，因此，平行向量又叫做**共线的向量**.

定理：两个非零向量 $\vec{a}$，$\vec{b}$ 平行的充要条件是 $\vec{b}=\lambda\vec{a}$，其中 λ 是不为零的实数.

例 10-5 已知：$\vec{a}_1=3\vec{c}_1$，$\vec{a}_2=2\vec{c}_1$，且 $\vec{c}_1\neq\vec{0}$. 求证：$\vec{a}_1\parallel\vec{a}_2$.

证明：$\because \vec{a}_1=3\vec{c}_1$，$\vec{a}_2=2\vec{c}_1$，$\vec{c}_1\neq\vec{0}$，$3\vec{c}_1$ 与 $2\vec{c}_1$ 同向，

$\therefore \vec{a}_1\neq\vec{0}$，$\vec{a}_2\neq\vec{0}$，且 $\vec{a}_1$ 与 $\vec{a}_2$ 同向.

$\therefore \vec{a}_1\parallel\vec{a}_2$.

习题 10.1

1. 已知 $\triangle ABC$，画出向量 $\overrightarrow{BD}$，使 $\overrightarrow{BD}=\overrightarrow{AC}$，再以 D 为起点画出向量 $\vec{m}$，使 $\vec{m}=-\overrightarrow{AB}$.
2. 已知四边形 $ABCD$ 为等腰梯形，$AB\parallel DC$，$AD=BC$.

(1) 写出与向量 $\overrightarrow{AB}$ 共线的向量；　　(2) 确定向量 $\overrightarrow{AD}$ 与向量 $\overrightarrow{BC}$ 是什么关系.

3. 求下列各题中的和向量：

(1)$\overrightarrow{AB}+\overrightarrow{CA}$；　　(2)$(-\overrightarrow{AB})+\overrightarrow{AB}$；

(3)$\overrightarrow{CD}+\overrightarrow{BC}+\overrightarrow{AB}$；　　(4)$\overrightarrow{MN}+\overrightarrow{NP}+\overrightarrow{PM}$.

4.求下列各小题中的差向量：

(1)$\overrightarrow{OM}-\overrightarrow{ON}$；　　(2)$\overrightarrow{AB}-\overrightarrow{CB}$.

5.计算：

(1)$3(\vec{a}-2\vec{b})+2(4\vec{b}+3\vec{a})$；　　(2)$4(3\vec{a}-3\vec{b}+\vec{c})+12(-\frac{1}{2}\vec{a}-\vec{b})$.

6.已知向量$\vec{a}$、$\vec{b}$的夹角为60°，且$|\vec{a}|=|\vec{b}|=2$，试画出下列向量：

(1)$\vec{a}-2\vec{b}$；　　(2)$2\vec{a}+\frac{\vec{b}}{2}$.

7.一架飞机向东飞行100 km，然后改变方向，向南飞行50 km，求飞机飞行路程及两次位移的和.

8.已知：MN是$\triangle ABC$的中位线，M在AB边上，N在AC边上.求证：$MN /\!/ BC$.

10.2　向量的坐标形式及其线性运算

10.2.1　数轴上向量的坐标及其运算

向量的几何表示，具有形象、直观的特点，但在计算上却不够方便、准确.下面我们学习向量的另一种表示方法——向量的坐标表示法.

首先我们研究数轴上的向量.

如果$\overrightarrow{OP}$是数轴上的向量，它的起点在原点，那么向量$\overrightarrow{OP}$与终点P之间，存在着一一对应关系.如果数轴的单位向量为$\vec{i}$，根据向量平行的充要条件，必然有一个实数x，使得$\overrightarrow{OP}=x\vec{i}$，而且$x$值随着点$P$位置的不同而不同，就是说向量$\overrightarrow{OP}$、点$P$、实数$x$三者之间是一一对应的.因此，我们可以用这个实数$x$的值表示向量$\overrightarrow{OP}$.这时，我们就把实数$x$叫做**向量$\overrightarrow{OP}$在数轴上的坐标，也叫做点$P$在数轴上的坐标.**

例如，向量$\overrightarrow{OA}=3\vec{i}$时，向量$\overrightarrow{OA}$在数轴上的坐标是3，点$A$在数轴上的坐标也是3；向量$\overrightarrow{OB}=-5\vec{i}$时，向量$\overrightarrow{OB}$在数轴上的坐标是$-5$，点$B$在数轴上的坐标也是$-5$.

当数轴上的向量$\overrightarrow{AB}$的起点A不在原点时，如果$\overrightarrow{OA}$、$\overrightarrow{OB}$在数轴上坐标分别为x_A，x_B，则不论A，B，O三点位置如何，都有$\overrightarrow{OA}+\overrightarrow{AB}=\overrightarrow{OB}$，于是$\overrightarrow{AB}=\overrightarrow{OB}-\overrightarrow{OA}=x_B\vec{i}-x_A\vec{i}=(x_B-x_A)\vec{i}$.

上面我们研究了数轴上的向量如何用坐标表示.下面我们看一下数轴上向量的长度与方向和坐标有什么关系.

当数轴上的向量$\overrightarrow{OP}$起点在原点,坐标为x时,$|x|=\overrightarrow{OP}$的长度$|\overrightarrow{OP}|=|x\overrightarrow{i}|=|x|$,$\overrightarrow{OP}$的方向由$x$的符号来确定.$x>0$时,表示$\overrightarrow{OP}$与$\overrightarrow{i}$的方向相同;$x<0$时,表示$\overrightarrow{OP}$与$\overrightarrow{i}$的方向相反.

当数轴上的向量$\overrightarrow{AB}$起点不在原点,而点A和点B的坐标分别为x_A和x_B时,$|\overrightarrow{AB}|=|(x_B-x_A)\overrightarrow{i}|=|x_B-x_A|$.当$x_B-x_A>0$时,$\overrightarrow{AB}$与$\overrightarrow{i}$的方向相同;当$x_B-x_A<0$时,$\overrightarrow{AB}$与$\overrightarrow{i}$的方向相反.

例 10-6 已知:点A,B在数轴上的坐标分别为$7,-1$.求:

(1)$\overrightarrow{AB}$; (2)$\overrightarrow{BA}$; (3)$|\overrightarrow{AB}|$; (4)$|\overrightarrow{BA}|$.

解:(1)$\overrightarrow{AB}=(x_B-x_A)\overrightarrow{i}=(-1-7)\overrightarrow{i}=-8\overrightarrow{i}$;

(2)$\overrightarrow{BA}=(x_A-x_B)\overrightarrow{i}=(7+1)\overrightarrow{i}=8\overrightarrow{i}$;

(3)$|\overrightarrow{AB}|=|-8\overrightarrow{i}|=8$;

(4)$|\overrightarrow{BA}|=|8\overrightarrow{i}|=8$.

对于数轴上的向量,我们可以利用它们的坐标来进行线性运算.

设$\overrightarrow{a}$、$\overrightarrow{b}$是数轴上的向量,它们在数轴上的坐标分别为x_1,x_2,则$\overrightarrow{a}=x_1\overrightarrow{i}$,$\overrightarrow{b}=x_2\overrightarrow{i}$.于是,我们可以得到

$$\boldsymbol{\overrightarrow{a}\pm\overrightarrow{b}=x_1\overrightarrow{i}\pm x_2\overrightarrow{i}=(x_1\pm x_2)\overrightarrow{i}},$$

$$\boldsymbol{k\overrightarrow{a}=k(x_1\overrightarrow{i})=(kx_1)\overrightarrow{i}}.$$

由此我们可以得到

(1)数轴上两个向量的和的坐标等于这两个向量的坐标的和;

(2)数轴上两个向量的差的坐标等于被减向量的坐标减去减向量的坐标;

(3)实数k与数轴上的向量的乘积的坐标等于这个向量坐标的k倍.

例 10-7 已知数轴上的向量$\overrightarrow{a}$与$\overrightarrow{b}$的坐标分别为4和-3,求下列向量在数轴上的坐标.

(1)$2\overrightarrow{a}+6\overrightarrow{b}$; (2)$5\overrightarrow{a}-3\overrightarrow{b}$.

解:(1)$2\overrightarrow{a}+6\overrightarrow{b}$在数轴上的坐标是$2\times4+6\times(-3)=-10$;

(2)$5\overrightarrow{a}-3\overrightarrow{b}$在数轴上的坐标是$5\times4-3\times(-3)=29$.

10.2.2　向量的直角坐标及线性运算

在平面上，建立一个直角坐标系 xOy，设 x 轴上的单位向量为 $\vec{i}$，y 轴上的单位向量为 $\vec{j}$. 则 x 轴上的向量总可以表示成 $x\vec{i}$ 的形式，y 轴上的向量总可以表示成 $y\vec{j}$ 的形式，其中 x,y 分别是它们在数轴上的坐标.

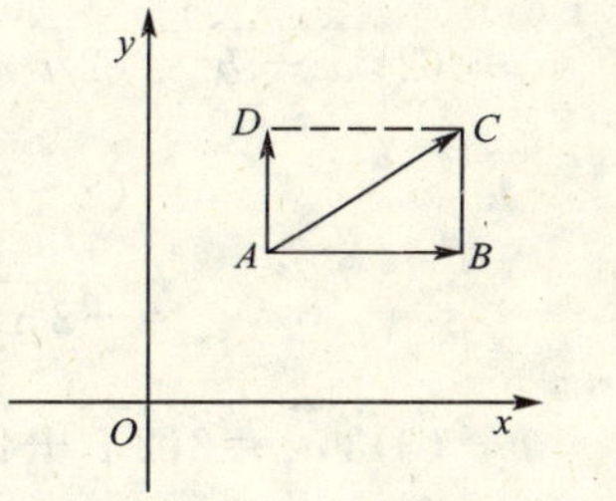

图 10-10

设 $\overrightarrow{AC}$ 是直角坐标平面上任一向量. 如图 10-10 所示，以 AC 为对角线，做一矩形 $ABCD$，使 AB，AD 分别与 x 轴，y 轴平行，则向量 $\overrightarrow{AB}$ 为 x 轴上的向量，$\overrightarrow{AD}$ 为 y 轴上的向量. 因此，它们可以分别表示为 $x\vec{i}$ 与 $y\vec{j}$. 由向量加法的平行四边形法则可以知道，$\overrightarrow{AC}=\overrightarrow{AB}+\overrightarrow{AD}$，即

$$\overrightarrow{AC}=x\vec{i}+y\vec{j}.$$

事实上，我们可以证明，平面直角坐标系中的任一向量都可惟一地表示成一个 x 轴上的向量与一个 y 轴上的向量相加的形式. 即

$$\vec{c}=x\vec{i}+y\vec{j}.$$

我们把 $\vec{c}=x\vec{i}+y\vec{j}$ 叫做 $\vec{c}$ 的坐标形式，把 $x\vec{i}$ 叫做 $\vec{c}$ 在 x 轴上的分向量，$y\vec{j}$ 叫做 $\vec{c}$ 在 y 轴上的分向量. 把有序实数对 (x,y) 叫做向量 $\vec{c}$ 在直角坐标系中的坐标，记做 $\vec{c}=(x,y)$，其中 x 叫做 $\vec{c}$ 的横坐标，y 叫做 $\vec{c}$ 的纵坐标.

例如，$\vec{c}=-2\vec{i}+3\vec{j}$，就说 $\vec{c}$ 的坐标是 $(-2,3)$，可写做 $\vec{c}=(-2,3)$；$\vec{0}=0\vec{i}+0\vec{j}$，就说 $\vec{0}$ 的坐标是 $(0,0)$，可写做 $\vec{0}=(0,0)$.

两个向量相等的充要条件是它们的横、纵坐标分别相等. 即

如果 $\vec{c}_1=x_1\vec{i}+y_1\vec{j}$，$\vec{c}_2=x_2\vec{i}+y_2\vec{j}$，则

$$\vec{c}_1=\vec{c}_2 \Leftrightarrow x_1=x_2 \text{ 且 } y_1=y_2.$$

例 10-8　已知向量 $\vec{a}=(m+n)\vec{i}+3\vec{j}$，$\vec{b}=2\vec{i}+(4m-n)\vec{j}$，且 $\vec{a}=\vec{b}$，求 m,n 的值.

解：根据已知，$\vec{a}=(m+n,3)$，$\vec{b}=(2,4m-n)$，且 $\vec{a}=\vec{b}$，由向量相等的充要条件，得

$$\begin{cases} m+n=2, \\ 3=4m-n. \end{cases}$$

解之，得 $$m=1,n=1.$$

利用向量的坐标进行向量的线性运算，准确、简便.

例 10-9　已知：$\vec{a}=2\vec{i}+4\vec{j}$，$\vec{b}=5\vec{i}+\vec{j}$. 计算：

(1) $\vec{a}+\vec{b}$；　(2) $\vec{a}-\vec{b}$；　(3) $3\vec{a}$.

解:(1) $\vec{a}+\vec{b}=(2\vec{i}+4\vec{j})+(5\vec{i}+\vec{j})$

$=(2+5)\vec{i}+(4+1)\vec{j}$

$=7\vec{i}+5\vec{j}$；

(2) $\vec{a}-\vec{b}=(2\vec{i}+4\vec{j})-(5\vec{i}+\vec{j})$

$=(2-5)\vec{i}+(4-1)\vec{j}$

$=-3\vec{i}+3\vec{j}$；

(3) $3\vec{a}=3(2\vec{i}+4\vec{j})$

$=(3\times2)\vec{i}+(3\times4)\vec{j}$

$=6\vec{i}+12\vec{j}$.

从例中不难看出，向量的线性运算，实质上是向量坐标之间的运算.

一般地，若 $\vec{a}=x_1\vec{i}+y_1\vec{j}$，$\vec{b}=x_2\vec{i}+y_2\vec{j}$，则有

$$\vec{a}+\vec{b}=(x_1+x_2)\vec{i}+(y_1+y_2)\vec{j};$$

$$\vec{a}-\vec{b}=(x_1-x_2)\vec{i}+(y_1-y_2)\vec{j};$$

$$k\vec{a}=(kx_1)\vec{i}+(ky_1)\vec{j}.$$

例 10-10　已知 $\vec{a}=\vec{i}+2\vec{j}$，$\vec{b}=2\vec{i}-\frac{1}{2}\vec{j}$，$\vec{c}=-4\vec{i}+5\vec{j}$，求 $3\vec{a}+2\vec{b}-\vec{c}$.

解:原式 $=3(\vec{i}+2\vec{j})+2(2\vec{i}-\frac{1}{2}\vec{j})-(-4\vec{i}+5\vec{j})$

$=(3+2\times2+4)\vec{i}+(3\times2-2\times\frac{1}{2}-5)\vec{j}$

$=11\vec{i}+0\vec{j}=11\vec{i}$.

10.2.3　平移公式和中点公式

我们把起点在原点的向量叫做位置向量. 显然，每个位置向量由它的终点惟一确定.

在图 10-11 中，设 P 点坐标为 (x,y)，则向量 $\overrightarrow{OP}=\overrightarrow{OE}+\overrightarrow{OF}=\overrightarrow{xi}+\overrightarrow{yj}=(x,y)$. **就是说位置向量的坐标等于它的终点坐标.**

在图 10-12 中，$\overrightarrow{AB}$ 为平面上任一向量，设 A、B 两点的坐标分别为 (x_1,y_1)，(x_2,y_2)，那么向量 $\overrightarrow{OA}=(x_1,y_1)$，$\overrightarrow{OB}=(x_2,y_2)$. 于是根据向量减法的三角形法则，得到

$$\overrightarrow{AB}=\overrightarrow{OB}-\overrightarrow{OA}=(x_2,y_2)-(x_1,y_1)$$
$$=(x_2-x_1,y_2-y_1).$$

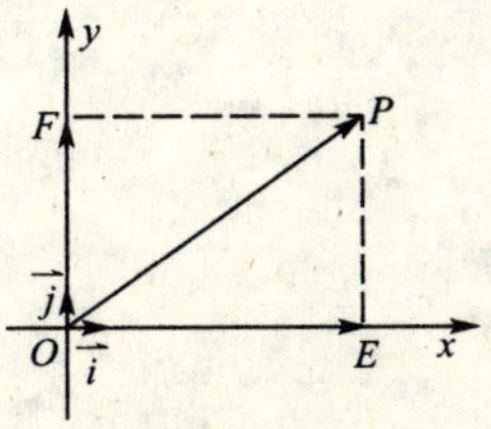

图 10-11

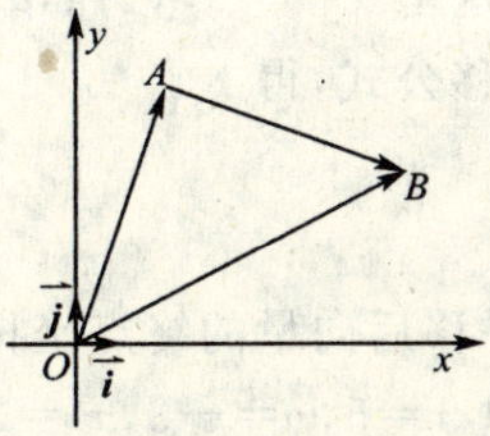

图 10-12

就是说平面上任一向量的坐标等于它终点的坐标减去起点的坐标.

例 10-11 已知点 M、N 的坐标分别为(7,−2)和(−3,1),求向量$\overrightarrow{MN}$和$\overrightarrow{NM}$的坐标.

解:$\overrightarrow{MN}=(-3-7,1+2)=(-10,3)$;

$\overrightarrow{NM}=-\overrightarrow{MN}=-(-10,3)=(10,-3)$.

例 10-12 如图 10-13 所示,已知▱$ABCD$ 的顶点 A,B,C 的坐标分别是(1,−2),(3,0),(−1,3),求顶点 D 的坐标.

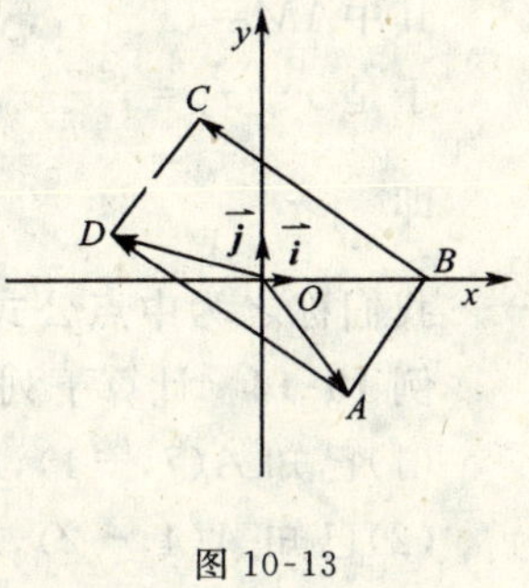

图 10-13

解:点 D 的坐标就是向量$\overrightarrow{OD}$的坐标,而

$$\overrightarrow{OD}=\overrightarrow{OA}+\overrightarrow{AD}$$
$$=\overrightarrow{OA}+\overrightarrow{BC}$$
$$=(1,-2)+(-1-3,3-0)$$
$$=(1,-2)+(-4,3)$$
$$=(-3,1).$$

∴D 点坐标为(−3,1).

我们知道,一个平面向量经过平行移动,它的长度、方向均不会改变,其坐标也没改变.但是,它的起点、终点坐标却都发生了变化.

如图 10-14 所示,设向量$\overrightarrow{OP}$的起点在原点,终点 P 的坐标为(x,y),我们让$\overrightarrow{OP}$平行移动,使其起点从原点 $O(0,0)$移到 $A(a,b)$,这时,其终点从 $P(x,y)$移到了 $B(x',y')$.

∵$\overrightarrow{OB}=\overrightarrow{OA}+\overrightarrow{AB}=\overrightarrow{OA}+\overrightarrow{OP}$,

∴$(x',y')=(a,b)+(x,y)=(a+x,b+y)$.

即
$$\begin{cases}\boldsymbol{x'=x+a},\\ \boldsymbol{y'=y+b}.\end{cases}$$

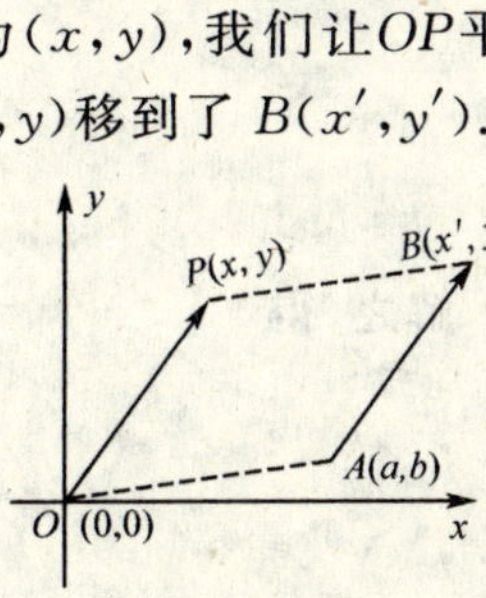

图 10-14

我们称之为**平移公式**.

例 10-13 (1)将向量 $\vec{a}=-3\vec{i}+4\vec{j}$ 的起点从(0,0)移到

(3,4),求终点坐标;

(2)向量 $\vec{b}=5\vec{i}-3\vec{j}$ 的起点从(0,0)移到 A 点后,终点坐标是(3,−2),求 A 点坐标.

解:(1)这里 $x=-3, y=4, a=3, b=4$.

根据平移公式,得

$$x'=x+a=-3+3=0,$$
$$y'=y+b=4+4=8.$$

所以,平移后向量的终点坐标为(0,8).

(2)这里 $x=5, y=-3, x'=3, y'=-2$.

根据平移公式,得

$$a=x'-x=3-5=-2,$$
$$b=y'-y=-2-(-3)=1.$$

所以,A 点坐标为(−2,1).

如果线段 AB 的两个端点 A、B 的坐标分别为 (x_1, y_1), (x_2, y_2),设 AB 的中点 M 的坐标为 (x, y),显然有 $\overrightarrow{AM}=\overrightarrow{MB}$.

其中 $\overrightarrow{AM}=(x-x_1, y-y_1)$, $\overrightarrow{MB}=(x_2-x, y_2-y)$,

于是 $x-x_1=x_2-x$, $y-y_1=y_2-y$.

即
$$\boldsymbol{x=\frac{x_1+x_2}{2}, y=\frac{y_1+y_2}{2}}$$

我们称之为**中点公式**.

例 10-14 计算下列各题:

(1)已知 $A(7,-1)$, $B(-5,5)$,求 AB 中点 M 的坐标;

(2)已知 $A(4,-2)$, $B(m,n)$, AB 中点 $M(-2,6)$,求 m, n.

解:(1)设 $M(x,y)$,根据中点公式,得

$$x=\frac{7+(-5)}{2}=1, y=\frac{-1+5}{2}=2$$

所以 M 点坐标为(1,2).

(2)根据中点公式,得

$$\begin{cases}-2=\dfrac{4+m}{2},\\[2ex] 6=\dfrac{-2+n}{2}.\end{cases}$$

解之,得
$$m=-8, n=14.$$

习题 10.2

1.已知点 A, B, C 在数轴上的坐标分别为−2,3,4,求下列各式:

(1)$\overrightarrow{AB}$与$\overrightarrow{BA}$; (2)$\overrightarrow{BC}$与$\overrightarrow{CB}$; (3)$|\overrightarrow{AC}|$与$|\overrightarrow{CA}|$.

2.已知数轴上向量 $\vec{a}$，$\vec{b}$ 的坐标分别为-5，3，求下列向量在数轴上的坐标：

(1)$2\vec{a}+3\vec{b}$； (2)$5\vec{a}-6\vec{b}$.

3.已知向量，写出它们的坐标：

(1)$3\vec{i}+\vec{j}=$________； (2)$\frac{1}{2}\vec{i}+4\vec{j}=$________；

(3)$-\vec{i}+\sqrt{3}\vec{j}=$________； (4)$-2\vec{j}=$________.

4.已知向量的坐标，写出它们的坐标形式：

(1)$(-2,3)=$________； (2)$(-\sqrt{3},\sqrt{2})=$________；

(3)$\left(-\frac{1}{2},\frac{3}{4}\right)=$________； (4)$(0,-5)=$________.

5.已知 $\vec{a}=m\vec{i}+3\vec{j}$，$\vec{b}=-2\vec{i}+n\vec{j}$，且 $\vec{a}=\vec{b}$，则 $m=$________，$n=$________.

6.已知 $\vec{a}=3\vec{i}-4\vec{j}$，$\vec{b}=-5\vec{i}+3\vec{j}$.计算：

(1)$-\vec{a}+\frac{\vec{b}}{2}$； (2)$-3\vec{a}+4\vec{b}$； (3)$-\frac{1}{2}\vec{a}+\frac{1}{3}\vec{b}$； (4)$-2\vec{a}-\vec{b}$.

7.已知 M，N 两点的坐标，求$\overrightarrow{MN}$，$\overrightarrow{NM}$的坐标；

(1)$M(4,2)$，$N(-1,-3)$； (2)$M(-5,3)$，$N(0,1)$.

8.已知 A、B 的坐标分别为$(2,-3)$和$(4,1)$，把$\overrightarrow{AB}$的起点移到$(-3,4)$后，求 B 点的新坐标.

9.已知点 $M(3,2)$和点 $P(4,-2)$，求点 M 关于点 P 的对称点 N 的坐标.

10.3 向量的数量积及其运算法则

10.3.1 向量的数量积

在物理学中，一个物体在力 $\vec{F}$ 的作用下，产生位移 $\vec{S}$，若 $\vec{F}$ 与 $\vec{S}$ 之间的夹角为 θ，则 $\vec{F}$ 所作的功 $W=|\vec{F}|\cdot|\vec{S}|\cos\theta$.

这里功 W 是一个数量，它由向量 $\vec{F}$ 和 $\vec{S}$ 的模及其夹角余弦的乘积来确定.像这样由两个向量的模及其夹角余弦的乘积确定一个数量的情况，在其他一些情况中也会遇到，如物理学中的功率 $N=|\vec{F}|\cdot|\vec{V}|\cos\theta$ 等.

给了两个非零向量 $\vec{a}$，$\vec{b}$，做$\overrightarrow{OA}=\vec{a}$，$\overrightarrow{OB}=\vec{b}$，则把射线 OA 与射线 OB 所组成的不大于 π 的角叫做 **$\vec{a}$ 与 $\vec{b}$ 的夹角**，记做$\langle\vec{a},\vec{b}\rangle$.显然

(1)$0\leqslant\langle\vec{a},\vec{b}\rangle\leqslant\pi$,

(2)$\langle\vec{a},\vec{b}\rangle=\langle\vec{b},\vec{a}\rangle$.

在数学中,我们把两个非零向量 $\vec{a}$,$\vec{b}$ 的模与它们的夹角 θ 的余弦的乘积定义为 $\vec{a}$ 与 $\vec{b}$ 的**数量积**(又叫内积),记做 $\vec{a}\cdot\vec{b}$.

即 $\vec{a}\cdot\vec{b}=|\vec{a}|\cdot|\vec{b}|\cos\theta\quad(0\leqslant\theta\leqslant\pi)$.

其中 θ 表示 $\langle\vec{a},\vec{b}\rangle$.

从而 $\vec{a}\cdot\vec{b}$ 也可以表示成 $\vec{a}\cdot\vec{b}=|\vec{a}|\cdot|\vec{b}|\cos\langle\vec{a},\vec{b}\rangle$.

注意:两个向量数量积的结果是一个实数,可能是正数,可能是负数,也可能是零.

例 10-15 根据下列条件分别求出 $\langle\vec{a},\vec{b}\rangle$:

(1)$|\vec{a}|=3$,$|\vec{b}|=4$,$\vec{a}\cdot\vec{b}=6$; (2)$|\vec{a}|=|\vec{b}|=\sqrt{2}$,$\vec{a}\cdot\vec{b}=-\sqrt{2}$.

解:(1)$\because\vec{a}\cdot\vec{b}=|\vec{a}|\cdot|\vec{b}|\cdot\cos\langle\vec{a},\vec{b}\rangle$,

将已知条件代入,得 $6=3\times4\cos\langle\vec{a},\vec{b}\rangle$,

$\therefore\cos\langle\vec{a},\vec{b}\rangle=\frac{1}{2}$.

又$\because 0\leqslant\langle\vec{a},\vec{b}\rangle\leqslant\pi$,

$\therefore\langle\vec{a},\vec{b}\rangle=\frac{\pi}{3}$.

(2)$\because\vec{a}\cdot\vec{b}=|\vec{a}|\cdot|\vec{b}|\cos\langle\vec{a},\vec{b}\rangle$,

将已知条件代入,得

$-\sqrt{2}=\sqrt{2}\times\sqrt{2}\cos\langle\vec{a},\vec{b}\rangle$,

$\therefore\cos\langle\vec{a},\vec{b}\rangle=-\frac{\sqrt{2}}{2}$.

又$\because 0\leqslant\langle\vec{a},\vec{b}\rangle\leqslant\pi$,

$\therefore\langle\vec{a},\vec{b}\rangle=\frac{3\pi}{4}$.

向量的数量积运算满足交换律和分配律,即

(1)$\vec{a}\cdot\vec{b}=\vec{b}\cdot\vec{a}$;

(2)$\vec{a}\cdot(\vec{b}+\vec{c})=\vec{a}\cdot\vec{b}+\vec{a}\cdot\vec{c}$.

但它不满足结合律,即$(\vec{a}\cdot\vec{b})\cdot\vec{c}\neq\vec{a}\cdot(\vec{b}\cdot\vec{c})$. 当实数与向量相乘时,满足结合律,即

(3)$(k\vec{a})\cdot\vec{b}=k(\vec{a}\cdot\vec{b})$.

例 10-16　已知：$|\vec{a}|=4$，$|\vec{b}|=3$，$\langle\vec{a},\vec{b}\rangle=\frac{\pi}{3}$. 计算：

(1)$(\vec{a}+\vec{b})^2$；　　　(2)$(2\vec{a}-\vec{b})\cdot(3\vec{a}+2\vec{b})$.

解：(1)$(\vec{a}+\vec{b})^2=\vec{a}^2+2\vec{a}\cdot\vec{b}+\vec{b}^2$

$$=|\vec{a}|\cdot|\vec{a}|\cos0+2|\vec{a}|\cdot|\vec{b}|\cos\frac{\pi}{3}+|\vec{b}|\cdot|\vec{b}|\cos0$$

$$=4\times4+2\times4\times3\times\frac{1}{2}+3\times3$$

$$=16+12+9=37.$$

(2)$(2\vec{a}-\vec{b})\cdot(3\vec{a}+2\vec{b})=6\vec{a}^2+\vec{a}\cdot\vec{b}-2\vec{b}^2$

$$=6|\vec{a}|\cdot|\vec{a}|\cos0+|\vec{a}|\cdot|\vec{b}|\cos\frac{\pi}{3}-2|\vec{b}|\cdot|\vec{b}|\cos0$$

$$=6\times4\times4+3\times4\times\frac{1}{2}-2\times3\times3$$

$$=96+6-18=84.$$

10.3.2　向量数量积的坐标运算

设向量 $\vec{a}$ 的坐标为(x_1,y_1)，即 $\vec{a}=x_1\vec{i}+y_1\vec{j}$，向量 $\vec{b}$ 的坐标为(x_2,y_2)，即 $\vec{b}=x_2\vec{i}+y_2\vec{j}$，则

$$\vec{a}\cdot\vec{b}=(x_1\vec{i}+y_1\vec{j})\cdot(x_2\vec{i}+y_2\vec{j})$$

$$=x_1\vec{i}\cdot x_2\vec{i}+x_1\vec{i}\cdot y_2\vec{j}+y_1\vec{j}\cdot x_2\vec{i}+y_1\vec{j}\cdot y_2\vec{j}$$

$$=x_1x_2(\vec{i}\cdot\vec{i})+x_1y_2(\vec{i}\cdot\vec{j})+x_2y_1(\vec{i}\cdot\vec{j})+y_1y_2(\vec{j}\cdot\vec{j})$$

这里　$\vec{i}\cdot\vec{i}=|\vec{i}|\cdot|\vec{i}|\cos0=1$，

$\vec{i}\cdot\vec{j}=|\vec{i}|\cdot|\vec{j}|\cos\frac{\pi}{2}=0$，

$\vec{j}\cdot\vec{j}=|\vec{j}|\cdot|\vec{j}|\cos0=1.$

$\therefore\vec{a}\cdot\vec{b}=x_1x_2+y_1y_2.$

就是说，在直角坐标系中，两个向量的数量积等于它们的横坐标之积与纵坐标之积的和.

例 10-17　已知 $\vec{a}=(3,-5)$，$\vec{b}=(-2,4)$，求 $\vec{a}\cdot\vec{b}$.

解：$\vec{a}\cdot\vec{b}=(3,-5)\cdot(-2,4)=3\times(-2)+(-5)\times4=-26.$

当两个向量垂直时，夹角为$\frac{\pi}{2}$. 此时有

$$\vec{a}\cdot\vec{b}=|\vec{a}|\cdot|\vec{b}|\cdot\cos\frac{\pi}{2}=0.$$

反之,若非零向量 $\vec{a}$,$\vec{b}$ 的数量积为 0,即 $\vec{a}\cdot\vec{b}=0$,则必然有 $\cos\theta=0$,即 $\theta=\frac{\pi}{2}$.

故有 $\vec{a}\perp\vec{b}\Leftrightarrow\vec{a}\cdot\vec{b}=0$.

如果 $\vec{a}=(x_1,y_1)$,$\vec{b}=(x_2,y_2)$,则有

$\vec{a}\perp\vec{b}\Leftrightarrow x_1x_2+y_1y_2=0$.

例 10-18 判断下列各题中的向量 $\vec{a}$ 与 $\vec{b}$ 是否垂直:

(1) $\vec{a}=(2,-3)$,$\vec{b}=(-6,-4)$; (2) $\vec{a}=(0,-1)$,$\vec{b}=(-1,2)$.

解:(1) $\because \vec{a}\cdot\vec{b}=(2,-3)\cdot(-6,-4)$

$=2\times(-6)+(-3)\times(-4)$

$=-12+12=0$.

$\therefore \vec{a}\perp\vec{b}$.

(2) $\because \vec{a}\cdot\vec{b}=(0,-1)\cdot(-1,2)$

$=0\times(-1)+(-1)\times 2=-2\neq 0$.

$\therefore \vec{a}$ 与 $\vec{b}$ 不垂直.

如果 $\vec{a}=(x,y)$,那么 $\vec{a}\cdot\vec{a}=|\vec{a}|\cdot|\vec{a}|\cdot\cos 0=|\vec{a}|^2$,

$\therefore |\vec{a}|=\sqrt{\vec{a}\cdot\vec{a}}=\sqrt{(x,y)\cdot(x,y)}=\sqrt{x^2+y^2}$.

就是说,利用向量坐标,我们可以计算出它的模.

如果点 A 坐标为 (x_1,y_1),点 B 坐标为 (x_2,y_2),

则
$$\overrightarrow{AB}=(x_2-x_1)\vec{i}+(y_2-y_1)\vec{j}.$$

于是向量 $\overrightarrow{AB}$ 的模

$$|\overrightarrow{AB}|=\sqrt{(x_2-x_1)^2+(y_2-y_1)^2}.$$

由于 $\overrightarrow{AB}$ 的模就是点 A 和点 B 的距离,所以我们得到平面上两点的距离公式

$$\boldsymbol{|\overrightarrow{AB}|=\sqrt{(x_2-x_1)^2+(y_2-y_1)^2}.}$$

例 10-19 已知 $A(8,-1)$,$B(2,7)$,求 $|\overrightarrow{AB}|$.

解:$|\overrightarrow{AB}|=\sqrt{(8-2)^2+(-1-7)^2}=\sqrt{100}=10$.

例 10-20 已知:点 $A(-3,-7)$,$B(-1,-1)$,$C(2,-2)$.

求证:$\triangle ABC$ 是直角三角形.

证明:根据已知,得

$\overrightarrow{AB}=(-1,-1)-(-3,-7)=(2,6)$,

$\overrightarrow{BC}=(2,-2)-(-1,-1)=(3,-1)$,

而$\overrightarrow{AB}\cdot\overrightarrow{BC}=(2,6)\cdot(3,-1)=2\times3+6\times(-1)=0$,

$\therefore \overrightarrow{AB}\perp\overrightarrow{BC}$.

即$\angle ABC=90°$. 所以$\triangle ABC$是直角三角形.

习题 10.3

1.已知 $\vec{i}$、$\vec{j}$ 分别是平面直角坐标系中 x 轴和 y 轴上的单位向量,分别计算:

(1) $\vec{i}\cdot\vec{i}$;(2) $\vec{j}\cdot\vec{j}$;(3) $\vec{i}\cdot\vec{j}$.

2.根据下列条件,求 $\vec{a}\cdot\vec{b}$:

(1) $|\vec{a}|=3,|\vec{b}|=1,\langle\vec{a},\vec{b}\rangle=60°$;

(2) $|\vec{a}|=5,|\vec{b}|=2,\langle\vec{a},\vec{b}\rangle=45°$.

3.已知 $|\vec{a}|=2,|\vec{b}|=3,\vec{a}\cdot\vec{b}=3\sqrt{2}$,求 $\langle\vec{a},\vec{b}\rangle$.

4.已知 $|\vec{a}|=2,|\vec{b}|=4,\langle\vec{a},\vec{b}\rangle=\frac{\pi}{6}$,计算:

(1) $(2\vec{a}-\vec{b})^2$;　　(2) $\vec{a}\cdot(\vec{a}-2\vec{b})$.

5.已知 $\vec{a}=(4,1),\vec{b}=(3,-8)$,求 $\vec{a}\cdot\vec{b}$.

6.已知 $\vec{a}=\left(\frac{\sqrt{3}}{2},\frac{1}{2}\right),\vec{b}=\left(\frac{\sqrt{2}}{2},-\frac{\sqrt{2}}{2}\right)$,求 $\vec{a}\cdot\vec{b}$.

7.已知 $M(4,2),N(1,-8)$,求 $|\overrightarrow{MN}|$.

8.已知 $A(-4,2),B(5,-5)$,求 $|\overrightarrow{AB}|$.

9.已知 $A(1,4),B(6,y)$的距离等于$\sqrt{106}$,求 y 值.

复习题十

1.选择题:

(1)在▱$ABCD$ 中,$\overrightarrow{CA}=($　　);

A. $\overrightarrow{AB}+\overrightarrow{AD}$　　B. $\overrightarrow{BA}+\overrightarrow{DA}$　　C. $\overrightarrow{CB}+\overrightarrow{AB}$　　D. $\overrightarrow{CD}+\overrightarrow{AD}$

(2)在▱$ABCD$ 中,$\overrightarrow{AB}=\vec{a}$,$\overrightarrow{AD}=\vec{b}$,则$\overrightarrow{AC}+\overrightarrow{DB}=($　　).

A. $2\vec{b}$　　B. $2\vec{a}$　　C. $-2\vec{b}$　　D. $-2\vec{a}$

2. 如果 $m(3\vec{a}-2\vec{b})-n(4\vec{a}+\vec{b})=2\vec{a}+5\vec{b}$,求 m 与 n 的值.

3. 四边形 $ABCD$ 中,$\overrightarrow{AD}=\vec{a}$,$\overrightarrow{BC}=\vec{b}$,$M$,$N$ 分别是 AB、CD 的中点,试用 $\vec{a}$,$\vec{b}$ 表示$\overrightarrow{MN}$.

4. 已知 $\vec{a}=\vec{i}-2\vec{j}$,$\vec{b}=3\vec{i}+4\vec{j}$,求 $\vec{a}-\frac{\vec{b}}{3}$.

5. 已知 $\vec{a}=(-3,2)$,$\vec{b}=(1,5)$,求$-2\vec{a}+3\vec{b}$.

6. 已知 $A(-3,4)$,$B(2,5)$,$C(1,3)$,求 $3\overrightarrow{AB}-4\overrightarrow{BC}+\overrightarrow{CA}$.

7. 已知▱$ABCD$ 中,$A(-1,3)$,$B(0,6)$,$C(-2,1)$,求顶点 D 的坐标.

8. 已知$|\vec{a}|=3$,$|\vec{b}|=4$,$\langle\vec{a},\vec{b}\rangle=30°$,求:

(1)$(\vec{a}-\vec{b})^2$;　　(2)$(\vec{a}+\vec{b})(\vec{a}-\vec{b})$;

(3)$|\vec{a}+2\vec{b}|$;　　(4)$(2\vec{a}+\vec{b})(\vec{a}-3\vec{b})$.

9. 已知 $\vec{a}\cdot\vec{b}=4\sqrt{3}$,$\langle\vec{a},\vec{b}\rangle=\frac{\pi}{3}$,$|\vec{a}|=2|\vec{b}|$,求$|\vec{a}|$和$|\vec{b}|$.

10. 已知 $\vec{a}=2\vec{i}+3\vec{j}$,$\vec{b}=4\vec{i}+\vec{j}$,$\vec{c}=-\vec{i}+5\vec{j}$,求$|2\vec{a}+\vec{b}+\vec{c}|$.

11. 已知 $\vec{a}\cdot\vec{b}=-8\sqrt{2}$,$|\vec{a}|=2$,$|\vec{b}|=8$,求 $\vec{a}$ 与 $\vec{b}$ 的夹角.

12. 已知:$\triangle ABC$,$A(-1,2)$,$B(3,1)$,$C(2,-3)$,求证:$\triangle ABC$ 是等腰直角三角形.

13. 在直角坐标系中,已知 y 轴上一点 P 与点 $A(5,7)$的距离等于 13,求点 P 的坐标.